津巴布韦烤烟生产管理指南

欧清华　主编

广西科学技术出版社

图书在版编目（CIP）数据

津巴布韦烤烟生产管理指南 / 欧清华主编 . —南宁：广西科学技术出版社，2022.8（2023.11 重印）

ISBN 978-7-5551-1835-0

Ⅰ.①津… Ⅱ.①欧… Ⅲ.①烟叶烘烤—生产管理—津巴布韦—指南 Ⅳ.①TS44-62

中国版本图书馆CIP数据核字（2022）第147007号

JINBABUWEI KAOYAN SHENGCHAN GUANLI ZHINAN

津巴布韦烤烟生产管理指南

欧清华　主　编

责任编辑：黎志海　吴桐林　　装帧设计：韦宇星
责任校对：池庆松　　责任印制：韦文印

出 版 人：卢培钊　　出版发行：广西科学技术出版社
社　　址：广西南宁市青秀区东葛路 66 号　　邮政编码：530023
网　　址：http://www.gxkjs.com

经　　销：全国各地新华书店
印　　刷：北京虎彩文化传播有限公司

开　　本：787 mm × 1092 mm 1/16
字　　数：85 千字　　印　　张：5.75
版　　次：2022 年 8 月第 1 版　　印　　次：2023 年 11 月第 2 次印刷
书　　号：ISBN 978-7-5551-1835-0
定　　价：88.00 元

编委会

主　编：欧清华

副主编：韦建玉　郭志宏　叶　海　李向阳　张　恒

编　委：王　华　张万如　黄崇峻　金亚波　张纪利　贾海江　张仁东　慕继瑞　刘　成　李文杰　李　昂　周肇峰　王　政　程　怡　潘武宁

前　言

津巴布韦具有生产优质烤烟得天独厚的自然条件，其生产的烟叶质量享誉世界。经过100多年的发展，津巴布韦烤烟生产已经形成了育种、耕作、栽培、病虫害防治、烘烤、分级等成套技术体系。

编著者在津巴布韦从事烤烟生产多年，通过借鉴津巴布韦烤烟生产成套技术体系，结合自身对津巴布韦烤烟生产的理解，用通俗易懂的文字，编著出版《津巴布韦烤烟生产管理指南》一书，供国内广大烤烟生产工作者参考。

本书介绍津巴布韦烤烟种植地区生态条件、烤烟品种、烤烟栽培管理、烟叶烘烤与分级、烟叶销售和合同生产管理等方面的内容。通过对本书的系统学习，读者可以掌握津巴布韦烤烟生态、品种选用、育苗、移栽、大田管理、病虫害防治、采收烘烤及合同管理方面的知识。

本书通过图文并茂的方式，在烤烟生产和调制等重要阶段，阐述“做什么”和“如何做”，指导烤烟生产工作者进行烤烟生产管理。

本书所有农事活动均以附件一中所述的烤烟生产阶段主要农事操作为基础，遵循该流程，确保烤烟生产工作者按时进行正确的农事操作，最大限度地提高烤烟产量和质量。

由于编著者水平有限，本书如有疏漏之处，敬请广大读者批评指正。

编著者

目 录

第一章　概　况

第一节　津巴布韦概况

津巴布韦共和国（The Republic of Zimbabwe）简称津巴布韦，是非洲南部的内陆国家，地处赞比西河与林波波河之间，南接南非共和国，西部及西南部与博茨瓦纳接壤，西北与赞比亚接壤，东部及东北部与莫桑比克相邻。津巴布韦于 1980 年 4 月 18 日独立建国，最大城市为首都哈拉雷。

津巴布韦大部分地区为高原地形，平均海拔超过 1000 m。地形分高草原、中草原和低草原。津巴布韦东部伊尼扬加尼山海拔 2592 m，为全国最高点。全国主要河流有赞比西河和林波波河，分别是其与邻国赞比亚和南非共和国的界河。

津巴布韦国土面积约 3.9×10^5 km^2，与非洲各国平均面积相比较小，其中陆地面积约 3.8×10^5 km^2，水域面积约 3910 km^2，陆地边境线约 3066 km。公园和野生动物区面积占国土面积的 5%、农业可耕地面积占国土面积的 39%。

津巴布韦是以农业为基础的国家，制造业、农业和矿业为其经济的三大支柱。其中，种植业主要生产玉米、烟草、棉花、花卉等，畜牧业以养牛为主。津巴布韦农业人口占全国人口的 67%。农业主要出口产品为烟草、园艺产品、棉花、茶叶和咖啡。受干旱气候影响，2015 年和 2016 年津巴布韦的粮食作物出现大面积歉收。2017 年农业虽获得丰收，但缺粮问题仍未得到根本解决。2018 年谷物产量下降 24% 左右，但烟草产量创近年来新高。

英语是津巴布韦的官方语言，并与绍纳语和恩德贝莱语并列为主要语言。

津巴布韦与赞比亚边境交界处的维多利亚瀑布（图 1–1）于 1989 年被列入《世界遗产名录》。

图 1–1　维多利亚瀑布

第二节　津巴布韦烟叶生产概况

一、烟草种植概况

1903 年，津巴布韦开始种植烟草，主要种植烤烟和晾晒烟两种，其中烤烟占 80% 以上。2000 年，津巴布韦实施土地改革，但由于土地改革采取的方式过于激进，导致农业生产严重下滑，特别是在 2005～2008 年，玉米和烟草产量均下降了 60%～70%。

2009 年烟草种植面积和产量开始回升，2010 年烟草种植面积达 6.5×10^4 hm^2，烟叶产量达 1.23×10^5 t。随着政局的相对平稳，津巴布韦政府更加重视烟草生产，并注重提高烟草种植技术和管理水平，2016～2020 年，津巴布韦烟草种植面积已经恢复到超过 8×10^4 hm^2，年产量为 2×10^5 t 上下，其间一度接近年产 2.5×10^5 t 的历史最高水平。

津巴布韦生产的烟草约98%用于出口，其销量居世界第三位，是津巴布韦主要的出口创汇产品。

津巴布韦烤烟种植一年进行两批次，这样可充分利用优越的光热资源，提高烤房、人工、机械等的利用率。

第一批次是6月播种，9月开始移栽，11月开始采收烘烤，主要的生育期在旱季，水分管理依靠灌溉设备完成。因水肥可控，发育良好，烤烟产量、质量较高，是津巴布韦高质量烟叶的主要来源，俗称早烟、水浇地烟或灌溉烟（图1–2）。这一批次的种植模式也是大型商业农户主要的烤烟种植模式。

第二批次是8月播种，11月开始移栽，1月开始采收烘烤，主要的生育期在雨季，水分管理依靠自然降水完成。因受自然条件约束，一般情况下烤烟产量、质量比灌溉烟低，俗称晚烟或旱地烟（图1–3）。这一批次的种植模式是小型农户主要的烤烟种植模式。

津巴布韦烤烟生产周期如图1–4所示。

图1–2　水浇地烟（第一批移栽，有灌溉设备）

图 1–3　旱地烟（第二批移栽，无灌溉设备）

	5月	6月	7月	8月	9月	10月	11月	12月	1月	2月	3月	4月
育苗												
移栽												
打顶												
采收												
烘烤												
分级销售												
大田整理												

图 1–4　津巴布韦烤烟生产周期

二、烤烟种植时间

津巴布韦政府以立法的形式规定烤烟种植时间，种植者必须按照规定的时间要求执行农事操作，否则将面临罚款。烤烟种植时间如下。

（1）1月1日前，必须彻底销毁苗床。

（2）5月5日前，彻底清除烟株残体。

（3）6月1日前，不准播种。

（4）9月1日前，不准移栽。

（5）10月31日前，彻底清理烤房内外的烟片烟末。

三、烤烟生产特点

津巴布韦烤烟生产具有以下特点。

（1）生产生态条件得天独厚。

（2）生产周期长，烤烟质量上乘。

（3）可耕地多，生产潜力大。

（4）农场商业化，机械化程度高。

（5）环保意识强，可持续生产能力强。

（6）农业科研力量强，与烟叶生产密切结合，并服务于生产。

（7）农业生产资料成本高，生产资料非常缺乏，依赖进口。

（8）烤烟加工和利用水平相对落后，烤烟出口附加值低。

第二章　津巴布韦烟草种植地区生态条件

第一节　津巴布韦气温和降水

根据降水量，津巴布韦分为 5 个自然区划区。

（1）自然区划区Ⅰ：占国土面积的 1.5%。年平均气温低于 15 ℃。年降水量高于 1000 mm，全年都有降水。该区位在东部高原区。与其他地区相比较，该区气温不太高，适合种植水果、咖啡和茶叶等经济林木，适合密集型畜牧饲养。

（2）自然区划区Ⅱ：占国土面积的 18.8%。夏季平均气温 18～22 ℃，冬季平均气温 16～18 ℃。年降水量为 800～1200 mm。该区是农业密集型耕种区，夏季（雨季）降水，冬季（旱季）寒冷干燥。分为两个亚区。

亚区 2a：降水可靠，适合密集型作物种植和畜牧饲养。

亚区 2b：正常情况下降水适宜，但夏季有一段时间干旱或少雨，对作物产量有影响。总的来说该区适合密集型作物种植和畜牧饲养。

（3）自然区划区Ⅲ：占国土面积的 17.5%。平均气温 18～24 ℃。年降水量为 650～800 mm。降水次数可能少，但多为暴雨，不是整个作物生长期都有降水。夏季气温高，玉米、棉花和烟草等作物只能在一定时段在良好的管理下才能栽培。大部分区域适合半密集型畜牧饲养。

（4）自然区划区Ⅳ：占国土面积的 33.1%。年平均气温 20～25 ℃。降水量为 450～650 mm。该区是种植半恶劣区域，在热温季节会有洪灾和一段时间的干旱。洪灾导致不能种植作物。因此该区主要开展自然高地上的畜牧生产。

（5）自然区划区Ⅴ：占国土面积的 29.1%。年平均气温 22～30 ℃。年降水量少于 500 mm。该区是种植恶劣区，降水量少而无规律。农户必须经营

大畜牧场，作物只有灌溉才能种植。

第二节　津巴布韦烟草种植地区划分

津巴布韦农业生产最主要的区域是自然区划区Ⅱ和自然区划区Ⅲ，大多数密集型农场位于这两个区域内。这两个区域全年大致分为雨季和旱季，雨季从 10 月至翌年 4 月，旱季从 5 月至 9 月，平均年降水量在 1000 mm 左右。昼夜温差大，平均温差为 10～16 ℃。烟草种植区域绝大部分分布在自然区划区Ⅱ，少部分分布在自然区划区Ⅲ。

津巴布韦烟草种植地区可分为 3 个大烟区和 15 个小烟区。3 个大烟区分别是快速成熟生长区域、中等成熟生长区域和慢速成熟生长区域。

第三节　津巴布韦海拔和土壤

津巴布韦烟草种植地区海拔分布在 1000～1800 m，平均海拔 1400 m。津巴布韦烟草主要种植于土层深厚、可灌溉性好、黏粒不超过 10% 的砂土或砂壤土上（图 2–1、图 2–2）。这些土壤主要具有弱酸性、质地疏松、供肥能力低、可控性强、吸附矿质营养能力低的特点。土壤 pH 值为 5～7，部分低于 4.9。有机质含量仅为 1% 左右，碱解氮含量仅为 50 mg/kg，速效磷含量为 20.1 mg/kg，速效钾含量为 90.8 mg/kg（表 2–1）。在津巴布韦，如果烟草种植在含有效氮较高的土壤上，是不太可能获得高的产量和质量的。

图 2–1　津巴布韦典型植烟土壤

图 2–2　津巴布韦典型植烟土壤剖面

表 2-1　津巴布韦典型植烟土壤理化指标

土壤理化指标	最小值	最大值	平均值
pH值	5.37	7.06	6.37
有机质（%）	0.67	1.94	1.30
阳离子交换量	1.15	5.35	2.71
容重（g/cm^3）	1.17	1.50	1.35
全氮（%）	0.03	0.09	0.06
全磷（%）	0.02	0.05	0.03
全钾（%）	0.89	4.46	3.29
碱解氮（mg/kg）	26.70	74.76	49.78
速效磷（mg/kg）	2.99	51.50	20.10
速效钾（mg/kg）	31.91	176.81	90.80
氯离子（mg/kg）	5.53	31.16	11.81
有效硼（mg/kg）	0.12	0.51	0.27
有效硫（mg/kg）	0.07	16.30	3.37
交换性钙（mg/kg）	0.00	800.93	222.36
交换性镁（mg/kg）	5.48	124.85	48.33
有效铜（mg/kg）	0.04	2.91	0.64
有效锌（mg/kg）	0.46	1.72	0.92
有效铁（mg/kg）	5.13	54.63	18.79
有效锰（mg/kg）	13.98	49.48	26.82

第四节　津巴布韦生态条件与烤烟质量

一、光照

津巴布韦烤烟大田期平均日照时数为 8.3 h，平均日辐射量为 18.5 kJ · h/m^2，有利于烟株碳代谢的进行和生物量的积累，有利于合成酯类化合物，形成较多的致香物质，提高烟叶的香气浓度。

二、降水

津巴布韦烟草种植地区降水量近60%发生于12月至翌年2月，此时旱地烟处于旺长期至烟叶成熟前期，需水量大（占烟株总需水量的60%～80%），与降水丰期吻合度高，提高了水分利用率，有利于烟株的正常生长发育。水浇地烟旺长期主要靠人工灌溉，12月的降水可以满足其成熟期需要。津巴布韦的降水多为阵雨，一般在傍晚和夜间降水，白天光照充足，光、温、水协调性较好。

三、土壤

津巴布韦80%以上植烟土壤为砂土，透气性好，有利于烟株的根系发展；易于控水、控肥，所产上部烟叶尼古丁含量不高。

四、相对湿度

旱地烟大田期相对湿度为65%～76%，有利于烟株的正常生长发育和致香物质的产生。

第五节　津巴布韦烤烟质量特点

一、外观质量特点

（1）颜色以橘黄色为主，少部分为深橘黄色，叶表面颜色均匀，叶片正反面色差小，色泽饱和度高。

（2）叶片中等至稍厚，单叶重量比中国同等级烤烟重。

（3）叶片结构疏松，触感较柔软，有油分，弹性较强，柔韧性较好。

（4）绝大部分烟叶均达到成熟，部分烟叶有较明显的成熟斑、焦尖枯边现象。

（5）不同烟区的烟叶外观质量特点有所不同（表2-2）。

表 2–2 津巴布韦不同烟区烟叶质量特点

烟区	气候特点	烟叶特点
北部烟区	海拔低，平均气温较高	烟株生育期较短，叶片薄、颜色淡
中部烟区	介于北部烟区和南部烟区之间	介于北部烟区烟叶和南部烟区烟叶之间
南部烟区	海拔高，平均气温较低	烟株生育期长，叶片厚、颜色深

二、感官质量特点

（1）烤烟主体香气风格为浓香型，有成熟特征的烟草焦甜香气。

（2）香气质浓馥厚实，香气量充足、饱满，有较好的透发性。

（3）烟气细腻，浓度适中，成团性好；微有杂气，杂气以枯焦气为主；劲头适中。

（4）刺激性小；余味较舒适，略有干燥感。

（5）烟灰呈灰白色，燃烧性强。

三、常规化学成分

（1）中部叶总糖含量为 18%～22%，还原糖含量为 16%～18%，两类糖差 2～4 个百分点。

（2）烟碱含量为 1.5%～3.5%。

（3）糖碱比为（8～10）∶1。

（4）钾含量为 2.5%～3.2%。

（5）氯含量为 0.4%～0.7%。

（6）pH 值为 5.3～5.4。

第三章　津巴布韦烤烟品种

第一节　津巴布韦烤烟品种选择

津巴布韦烤烟的种质资源主要来源于美国，但在杂种优势利用方面处于世界领先地位，目前所推广的品种绝大部分为杂优品种，同时发展多抗品种（图3-1、图3-2）。

津巴布韦对烤烟新品种推广有着严格的程序，新品系选育出来后要经过5年的严格区试，前2年对新品系进行农业性状鉴定，后3年主要进行质量评价和工业验证，最后由津巴布韦烟草协会（ZTA）新品种分会进行鉴定后才开始示范推广。

无论播种的是什么品种，苗床都要进行熏蒸消毒。即使是抗根结线虫病的品种，也不能抵抗苗床上的根结线虫感染。同时苗期应使用官方推荐的农药喷施防病，不能因为品种有抗性就忽略防病。

在闲置或未开垦过的土地常常会有比较密集的根结线虫种群。许多灌木和杂草是根结线虫的寄主，因此，在这类土壤上必须种植抗根结线虫病的烤烟品种，同时对苗床进行熏蒸，以减少根结线虫的为害。

如果烤烟与牧草轮作，并且栽种的牧草是抗根结线虫病的品种，在没有其他杂草的情况下，栽种3年后，很大程度上可降低根结线虫的为害。在此类土壤上栽种抗根结线虫病的烤烟品种，可减量熏蒸。

连作田块即使种植抗根结线虫病的烤烟品种并辅助使用杀线虫剂，也不可能有好的效果，这是因为在根结线虫量大的压力下，有抗性的品种也不能免疫，也会被根结线虫感染从而造成产量减少。

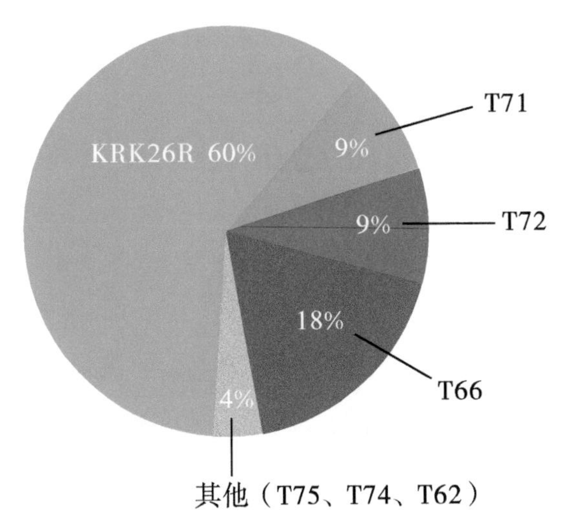

图 3-1　津巴布韦烤烟品种种植比例

图 3-2　津巴布韦烤烟品种 K 系列和 T 系列长相对比

第二节　津巴布韦烤烟品种特性

津巴布韦烤烟品种特性如表 3-1 所示。

表 3–1　津巴布韦烤烟品种特性

品种	描述	成熟速度	生产潜力	质量	疾病抵抗性（能抵抗）	疾病感染性（易感染）	一般评价
KRK22	与KM10杂交，有更好的RK抗性	中到快	中到高	亮、薄、显著柠檬黄色叶	WM、WF-0、WF-1、ANG-1、TMV、ALT、RK、BS	GW	耐干旱，应避免重质土和过度施肥，因为叶片大，难以管理，且很难烤
KRK26R	与K326杂交	中	中到高	柔软、干净、显著柠檬黄色叶	WM、WF-0、WF-1、TMV、ANG-1、RK、BS、BS	ALT、FE	与KRK26相似，但是有TMV抵抗性
KRK26	与K326杂交	中	中到高	柔软、干净、能伸展、显著柠檬黄色叶	WM、WF-0、WF-1、ANG-1、GW、RK、BS	ALT、FE、TMV	耐干旱,可能会变得很脆,过度施用氮肥容易发生表皮破损及顶芽萎靡
KRK27	有更紧凑节间的中型植株	快	中到高	显著柠檬黄色叶	WM、WF-0、WF-1、TMV、ANG-1、RK、BS	ALT、GW	苗床表现较为均匀，发芽较早。外观紧凑、生长迅速、烤后表现好
KRK28	有宽阔叶片和短节间的紧密型植株	非常慢	高	显著深柠檬黄色至橘黄色叶	WM、WF-0、WF-1、ANG-1、ALT、RK、BS	GW、TMV	在苗床期和早期生长阶段生长缓慢，耐干旱，耐涝，格外需要钾肥，鼓励较早种植，因为这一品种生长缓慢，生育期长

续表

品种	描述	成熟速度	生产潜力	质量	疾病抵抗性（能抵抗）	疾病感染性（易感染）	一般评价
KRK29	有短节间和宽圆皱缩叶片的紧密型植株	非常慢	高	深柠檬黄色至橘黄色叶，有珍珠斑点	RK、WF-0、WF-1、ALT、ANG-1、BS	WM、GW、TMV	应提前2～3周播种，在苗床上生长缓慢，需要额外的氮肥。极耐干旱
KRK64	有展开度好的叶片和紧凑节间的植株	慢	高	深柠檬黄色至橘黄色叶	WM、WF-0、WF-1、ANG-1、ALT、RK、BS	GW、TMV	苗床期需要额外的氮肥。有一定的抗旱性，种植中后期需要追肥来改善上部叶的颜色和质量
KRK66	有均匀节间和皱缩叶子的植株	慢	高	柔软、干净、几乎为柠檬黄色叶，带有一些橘黄色	WM、WF-0、WF-1、TMV、ANG-1、ALT、RK、BS、GW	—	不适合贫瘠的砂壤土，适合壤土或黏土，水分不足容易发生烧苗
KRK71	有紧凑节间和大而尖的暗绿色叶子的高植株	慢	高	深橘黄色至红褐色叶	WM、WF-0、WF-1、TMV、ANG-1、RK、BS	ALT、GW	田间表现类似KRK24。苗床上长势均匀，移栽成活率高
KRK72	紧凑节间和宽圆皱缩叶子的高植株	慢到中	高	柔软、干净，深柠檬黄色至橘黄色叶	WM、WF-0、WF-1、TMV、ANG-1、ALT、RK、BS	GW	苗床和田间需要额外的氮肥，顶部生长强劲。田间表现类似T66

续表

品种	描述	成熟速度	生产潜力	质量	疾病抵抗性（能抵抗）	疾病感染性（易感染）	一般评价
T66	前叶较短，叶圆	中	高	干净的柠檬黄色叶	WM、WF-0、WF-1、RK、BS、ANG-1、ALT	TMV、GW	非常耐干旱，必须严格施肥
T68	叶圆且卷曲，叶间距均匀	非常慢	高	深柠檬黄色至柠檬黄色叶	WM、WF-0、WF-1、TMV、ANG-1、ALT、RK、BS	GW	苗床生长慢，需要额外的钾肥。推荐旱地种植，抗旱性好，不推荐砂壤土种植。后期需要追肥改善上部叶颜色和产量
T70	深绿色，叶片较长且宽	中	高	深柠檬黄色叶	WM、WF-0、WF-1、TMV、ALT、RK、ANG-1	—	抗根结线虫病优于KRK26R，适合灌溉种植，可替代KRK26R，增产潜力大
T73	外形柔顺，叶片较短，叶狭长，颜色深	中	高	深柠檬黄色叶	WM、WF-0、WF-1、TMV、ANG-1、ALT、RK、BS、GW	—	发芽快，苗床容易管理，适合灌溉种植
T74	中等大小的圆形，叶较褶皱，植株较高	慢	高	柠檬黄色叶	WM、WF-0、WF-1、TMV、ANG-1、ALT、RK、BS、GW	—	类似KRK66，比KRK66有更强的抗根结线虫能力，可替代KRK66

续表

品种	描述	成熟速度	生产潜力	质量	疾病抵抗性（能抵抗）	疾病感染性（易感染）	一般评价
T75	深绿色，叶片厚有光泽	慢	高	橘黄色到红棕色叶	WM、WF-0、WF-1、ANG-1、RK、TMV	—	类似KRK71，比KRK66有更强的抗根结线虫能力，生长较快，干旱后反弹能力强。抗强风，强风下不易弯折。在土地准备偏晚的情况下，也能表现出较好的农艺特征
T76	叶片大宽且尖	慢	高	显著的柠檬黄色叶	WM、WF-0、WF-1、TMV、MOD、ALT、ANG-1	—	具有极高霉孢抗性。叶片比其他品种长且宽，对根结线虫有中等抗性

第三节　KRK26 烤烟品种简介

一、KRK26 品种特性

（1）属于中高产品种，亩产量可达 150～250 kg（1 亩≈ 667 m^2）。

（2）烟叶质地松软，有弹性，色泽明亮，多为柠檬黄色叶，底叶有斑点。

（3）田间可长 27～33 片叶，长势良好的烟株一般在 18～19 片叶时打顶。

（4）烟株根系发达，耐干旱。

（5）圆顶期顶叶宽阔，节间距较短，叶面呈稍暗淡的绿色。

（6）常规施肥，施氮肥比其他品种略多，一般每亩 6～10 kg。

二、KRK26 品种抗病虫害特性

KRK26 品种抗病虫害特性如表 3-2 所示。

表 3-2 KRK26 品种抗病虫害特性

病虫害类型	抗病特性
白霉病	全抗
角斑病1代	高抗
根结线虫病	中到高抗
黑胫病	高抗
野火病	全抗
赤星病	轻微抗
青枯病	中抗
野火病2代	全抗
普通花叶病	高抗
角斑病2代	中到高抗
蛙眼病	高抗

三、KRK26 品种主要栽培技术

（1）育苗阶段。建议所有苗床都要做好例行准备工作，保持苗床环境卫生。如果烟苗不强壮则要追施（氮）肥。

（2）熏蒸和轮作。KRK26 对根结线虫不具完全免疫力，根结线虫高发将影响植株生长。如果土地进行过很好的种草休耕可不做熏蒸或减少熏蒸的强度。植烟的土地一定要做熏蒸，而且要求另外施用杀线虫剂，因为复耕地和新开垦地有时含根结线虫水平更高。

（3）肥料和顶肥。常规施肥，氮肥略微偏多。多数土壤需要在打顶前一周加施少量硝酸盐肥料。

（4）打顶。一般 18～19 片叶打顶。打顶太高容易产生斑点。在打顶阶段顶叶可能会出现由钾肥引起的枯黄，这是由暂时的氮钾不平衡引起的，通常会在打顶之后的几周内消失。 如遇强降水，上部的大叶片通常会显示黑色的油性斑点。

（5）成熟。中速及快速成熟，成熟期比较稳定。如果肥料充足且打顶晚，会出现集中成熟的现象。打顶早且低，叶片成熟期长。

（6）烘烤。通常底叶会产生斑点，较薄的叶片更易产生。用较高温、高湿条件使烟叶变色，可防止烟叶绿色沉淀，最大限度地减少斑点。由蛙眼病引起的斑点同样可以采取此方法处理。高湿条件下做变色处理，烤出的烟叶颜色较深。还潮时间不宜过长，过长会使烟叶色泽暗淡，出现水痕。

第四章　土地准备

第一节　烟草轮作

烟草是忌连作作物，连作会制约烟草产量和品质的提高。合理轮作能充分利用土壤营养元素，可保持或改善土壤肥力，减轻土壤侵蚀，消除土壤中的有害物质，抑制根结线虫。

有研究显示，在同一块土地上连续进行3个季节的种植后，烟草产量会逐渐降低，同时土壤结构逐渐解体，土壤有机质水平降低，病害问题增加。因此，轮作对提高烟草的产量和质量有着十分重要的意义。无论是否进行土壤熏蒸，在同一块土地上，每4～5年种植一茬烟草可取得最佳的收益。

烟草进行轮作，首要因素是保持土壤结构和保持水分，同时尽量减少病虫害的发生，并保持土壤有机质水平。

要做到合理轮作，最好是每两茬烟草之间至少种植3年抗根结线虫的牧草，即采用4～5年两头栽烟的轮作方式，或采用“烟草—玉米—牧草—牧草—烟草”等轮作方式。同时采用深耕的方式，深耕40～45 cm，可有效地改良土壤物理性状，并控制杂草滋生（图4-1、图4-2）。

有研究显示，加入绿肥，如豆角或糖豆，可以维持土壤结构，改善种植环境，缩短轮作时间，同时确保随后种植的烟草获得更高的有机质等。

实行集约化的轮作方式，应将作物残余物尽可能多地保留在田块中，如果作物残余物被清除，会导致土壤酸化；清除行间作物，通常会增加土壤侵蚀。

津巴布韦由于人少地多，轮作的传统一直延续得很好，最少能保证4年两头种。

图 4-1　与烟草轮作的玉米

图 4-2　与烟草轮作的牧草

第二节　耕作

及时对将种植烟草地块进行深耕，对提高烟草的产量和质量有着十分重要的意义。

在津巴布韦，烟草种植土壤耕作分为早耕和晚耕。一般而言，早耕指1～3月进行的耕作，晚耕指7月及更晚进行的耕作。

根据土壤质地和肥力，决定土壤采取早耕还是晚耕。

早耕深耕可使有机物分解。研究表明，即使在砂质土壤上，深耕也能释放相当于90 kg/hm^{2}硝酸铵的能量。

雨后不久的早耕深耕还可确保耕作环境处于“良好状态”条件下，利于机器操作。

对于较肥沃、质地较黏重的土壤，早耕促进释放太多氮素，不利于生产优质烟叶。除根据当地的实际情况选择早耕外，一般而言，最好还是晚耕。

确保深耕至25 cm。使用拖拉机时，应在下雨后立即犁出40～45 cm的深度。如图4-3所示，在雨后尽快进行土地翻耕，以保持水分，土地应该没有杂草。

图4-3　土地翻耕

第三节　土壤取样

4月或5月雨后取样，土壤样本应代表整块土地。为了避免耕作、作物残留、施肥和其他与作物生产相关的模式导致样品产生偏差，使用Z形取样方法。

收集由尽可能多的子样本组成的复合样本，不少于 10 个。根据土壤颜色、质地（目视分析）和过去的管理实践，将土地划分为类似区域。

采样时，避免白蚁丘、排水沟、等高线、湿点和通常堆放肥料或卸载肥料的区域。如果使用铁锹，则在地面上挖 1 个 V 形孔，并从一侧切下一片约 1.3 cm 厚的土壤，土壤取样深度为 20～25 cm。如果使用螺旋钻，则将其打入 20～25 cm 的深度。取样前，不得清除表面的垃圾或松散土壤。取样后将样品放置在无污染的干净塑料容器中，并彻底混匀。将土壤铺在一张干净的塑料纸上，分成 4 等份，从两端收集一半土壤。将样品（1 kg）放在无污染的袋子中，并标记种植者的姓名、日期、田间坐标和种植作物及种植历史（图 4-4）。将土壤样本提交至分析机构，可获得当年施肥指导建议。

图 4-4　土壤样品

第五章　育　苗

第一节　壮苗标准

津巴布韦烟草育苗方式以传统土畦育苗（图 5–1）为主、漂浮育苗（图 5–2）为辅。壮苗（图 5–3）茎高 15～17 cm，直径 6～10 mm，叶片数 8～10 片，根系发达。

图 5–1　传统土畦育苗

图 5–2　漂浮育苗

图 5–3　壮苗

第二节　传统土畦育苗

育苗点选择在背风向阳、靠近水源的地方。排水良好的砂土、砂壤土或轻质砂壤土等是较为适宜的土壤。黏重、易板结的土壤难于管理，不适于做苗床。育苗点土壤至少 2 年内没有种植烟草。

苗床应深耕，在干燥的情况下淋足水，保持苗床湿润。床层应高出通道约 10 cm，并具有水平或略微凸出的表面。苗床以长 15 m、宽 1 m 的规格为最佳，这是用水罐浇水的最佳尺寸（图 5–4）。

熏蒸前 1 周，通过灌溉使 60 cm 深的表土充分湿润，确保杂草种子和根结线虫活跃起来，然后将 30 cm 深的表土翻耕，清除没有腐烂的有机物质。在揭开熏蒸盖膜与播种之间要留出 4～5 天时间。

理想的烟苗密度为 450～500 株 /m^2。播种量为 4～6 g/100 m^2，把水和烟种放入水箱中，在播种过程中要不停地搅动，每个苗床喷播 2 个来回以上，可提高播种均匀度。

图 5–4　传统土畦育苗

在育苗过程各步骤之间要用肥皂洗手，将鞋底浸在消毒剂中，不要吸烟、吸食鼻烟或咀嚼烟草，尽量减少幼苗处理，并定期消毒修剪等步骤所用工具，以防止细菌性病害传播。

在苗床上覆盖草，并确保每天轻度浇水 3 次，直到幼苗出苗，此时浇水应减少到每天 2 次，即上午和下午各 1 次。

每 7～11 m^2 苗床施 1 kg 硫复合肥（$N:P_2O_5:K_2O:S:B=7:21:7:9:0.04$），当烟苗高 1～2 cm（播种后 15～20 天）时，要进行追肥，10 天后至少再追肥 1 次，使用背负式喷雾器均匀浇施，之后立即用干净水轻轻浇灌幼苗，以洗掉叶子上的肥料，避免肥料危害叶片。第一次取苗之后，追施 1 次硫复合肥，有助于其他烟苗的生长。

播种后的 5～6 周内在苗床上施用推荐的化学药品，以防控病害、蚜虫、蚂蚁等。

播种期后 7～8 周开始修剪，以确保烟苗均匀生长，并确保播种时幼苗大小相对一致。在较温暖的地区，幼苗生长较快，可提前修剪，每周修剪 1 次。

合理浇水是苗床管理中最难的一个环节。如果浇水不当，将导致烟苗生长缓慢并严重影响烟苗均匀度。理想的苗床浇水量应相当于烟苗蒸发和蒸腾失去的水量。在烟苗生长的早期，因叶片较小，土壤没有被覆盖，故水分散

失相对较多；烟苗生长后期随着烟苗叶片长大覆盖整个苗床，土壤水分散失相对较少。计算浇水量时，要考虑这些因素。

在预计移栽日期前 2 周，当烟苗茎秆高离成苗还差 1～2 cm 时开始炼苗，即完全停止浇水。除非烟苗在上午 10 时之前出现枯萎迹象，否则不得浇水。

理想的幼苗茎秆高 15～17 cm，茎秆粗壮如铅笔，着生 8～10 片叶子。

在取苗前 3 天浇水 1 次；取苗前 2 天施三唑醇，6 h 以后施杀蚜虫剂；取苗前 1 天下午最后浇水 1 次。

传统土畦育苗流程如图 5-5 所示。

图 5-5 传统土畦育苗流程图

第三节 漂浮育苗

在津巴布韦，传统土畦育苗是主要的育苗方式，但近年来漂浮育苗正变得越来越受欢迎，尤其是对于大型商业农户而言（图 5-6、图 5-7）。

漂浮育苗的育苗池设计和建造在很大程度上取决于漂浮盘的尺寸，育苗池的大小应与所容纳的漂浮盘的总尺寸相当。最常用的漂浮盘尺寸是 670 mm（长）× 345 mm（宽）× 60 mm（高）。

推荐建造每池可育 1 hm^2 烟苗的育苗池，大的漂浮盘育苗池尽管效益高，

图 5-6　漂浮育苗（大棚）

图 5-7　漂浮育苗（小棚）

但水传病害的传播速度也更快。

给育苗池加水的方法是先加 5 cm 深，在加水过程中应尽可能地将池底和池边褶皱或不平的膜调整拉平，因为一旦池水加满后（约 10 cm 深），要做调整就很困难。应采用水质好的水，即水中不含根结线虫、病菌、盐和其他污染物，必须经常检查育苗池的水深，使其维持在要求的深度。水的 pH 值应为 5.5～6.5，pH 值过高可用磷酸或硫酸来调节。

基质由松树皮、清洗过的河沙和水按 1∶1∶0.5 的比例（以体积计算）混合而成，装入漂浮盘即可，注意不要过度压缩培养基，这会阻碍幼苗生长。漂浮盘中央穴可以用压穴板，孔穴可为烟苗生长提供良好的小气候环境，孔穴要求长 0.5～1 cm、宽 1 cm，孔底为圆形，用手或机器在每个穴的中心播种 1 粒包衣种。

用塑料膜覆盖可以提高夜间温度和控制盐碱化，也可避免雨水的影响。津巴布韦所有地区 6 月开始进行的漂浮育苗都要求有塑料膜覆盖。塑料拱棚棚顶要做成屋顶的形状，以使凝结的水珠顺两边流下，寻常的圆形棚顶不适用于漂浮育苗，因为塑料膜凝结的水珠滴下会对幼苗造成伤害，特别是在出苗和烟苗生长的早期。

育苗所用的基肥是一种水溶性复合肥（N∶P_2O_5∶K_2O=20∶10∶20），播种后 7 天、21 天和 35 天时分别施入氮的浓度为 25 mg/L、50 mg/L 和 75 mg/L。水溶性复合肥对漂浮水有酸化作用，施肥后 5 周左右 pH 值大约会降低 2 或 3 个单位，注意调节 pH 值。

播种约 6 周后，用 100 mg/L 的硝酸铵追肥，但在接近移栽时应减少供给有效氮。在移栽前降低氮的浓度可使烟苗积累更多的淀粉，从而起到提高烟苗抗逆性的作用，如果供氮太多会产生茎秆太弱的徒长苗。

漂浮盘育苗系统为害虫生存提供了新的环境（高温、高湿），可能会导致出现新的害虫种类，原来苗期各种害虫的危害性也许会有较大的改变。常规控制病虫害的药剂仍然可以用，但施用方式要能适应新的育苗系统。

剪叶要少量多次，一般在苗高 5～7 cm 时开始，在苗后期阶段可以剪重一点，以使烟苗生长整齐。剪叶可以减缓烟苗的生长速度，叶片剪得越多，烟苗生长就越慢。

炼苗促进了淀粉的积累，增强了烟苗的抗逆性。漂浮苗在移栽到大田之前需炼苗，剪叶有助于炼苗。采取合理的施肥时间和施肥方式，可使烟苗在生长早期就吸收掉大部分氮素，减少移栽前2周育苗池的水中残留氮，也有助于炼苗。也可以通过水分胁迫来炼苗，把池中的大部分水撤去，只留下1～2 cm深的水，但不能撤去全部的水，以免烟苗发生严重萎蔫和灼伤。

理想的幼苗茎秆高10～12 cm，茎秆粗壮如铅笔，着生6～7片叶子。

在移栽前几天保证烟苗有充足的水分是很重要的，特别是要保持所施用的化学剂如三唑醇的活性。

第六章　移　栽

津巴布韦烤烟移栽期长达4个月，9～12月均可移栽，采用人工方式集中进行，专业分工，提高效率。实行垄上移栽，多数为宽窄行种植（图6–1），部分为等行距移栽（图6–2）。

图6–1　宽窄行种植

图6–2　等行距移栽

在可能的情况下早起垄，标准间距为 0.9～1.2 m。起垄可为烟草的早期生长提供良好的环境。初期烟垄要起得相对低（20 cm）而宽，顶部要平坦，有利于早期雨水渗入土壤。在烟苗成活之后，通过再培土增高烟垄。

每公顷种植 15000 株的烟株是最理想的，垄上烟株的间距为 0.56 m，烟株行距为 1.2 m。因此，小于 0.9 m 的行距不适宜烟草生长，较小的行间距会产生质量较差的烟叶。

在移栽前几天用铁丝或麻绳标出种植点（间隔 56～60 cm），划线和开穴相结合既能节省劳动力，又能提高准确度。种植穴应足够深，每穴至少容纳 5 L 水。

大田移栽一般采用明水深栽（图 6-3），移栽时每株烟苗浇 3～5 L 水，然后 5 周内不浇水，促使根系往下长并变发达。移栽时先打窝，然后浇水，接着把烟苗放入窝中，待水渗入土中后（一般要超过 10 分钟）再盖土。

对于旱地烟而言，通常在 11 月 20 日之前种植的烟草比晚种植的烟草产量高。因此，应尽一切努力在主降水前 2 周完成移栽。

图 6-3　明水深栽

第七章　大田管理

第一节　中耕培土与杂草控制

一、中耕培土

中耕可以改善土壤环境，调节土壤水、肥、气、热的状况，促进烤烟根系发育及地上烟株的早生快发，促进烤烟产量和质量的提高。

培土能够改善烟株生长的环境，促进烤烟产量和质量的提高。

二、杂草控制

烟草进入旺长期，如果杂草生长旺盛，会严重影响烤烟产量。因此，尽早除草并保持烟草在主要的生长发育期内无杂草是十分必要的。除草可以用人工或采取化学、人工和机械结合的办法。在早耕时如果劳力紧张，可考虑采用除草剂。选择何种除草剂要根据烟田中杂草的种类来定。除草剂是有选择性的，不同的除草剂杀灭的杂草种类不同，一种除草剂不能除去所有杂草，此外，还得配合机械或人工耕作。除草剂和耕作结合能够激发最大的产量潜力。同时除草剂的使用还能使耕作更容易、更快，特别是在烟草生长早期。

建议使用除草剂时，在烟田的中间留出几行不施除草剂作为未处理带，这样可以观察这种除草剂所除灭的杂草种类，并测定除草剂的植物毒性。

要注意，那些不需要混入土壤的除草剂，只有在灌溉或降水使土壤变得湿润的情况下才会发生作用。而那些依靠土壤早耕时残留下的水分萌发出来的杂草则不受除草剂控制，要通过人工除草或联合犁耕作去除。这样的耕作对随后将要进行的化学除草不会有影响。

第二节　灌溉

津巴布韦的农场里修建有池塘或小水库，采用固定式喷灌（图 7–1）和可移动式喷灌（图 7–2）。烟田除移栽时要浇足定根水外，还要根据降水情况进行多次灌溉，主要包括预灌溉、定根水灌溉、首次常规灌溉、第二次常规灌溉和后期灌溉。

图 7–1　固定式喷灌

图 7–2　大型可移动式喷灌

（1）预灌溉。必须进行预灌溉，并在移栽前2个月完成。所需灌溉量应使土层湿润10 cm。预灌溉后，必须保持土地不含杂草。

（2）定根水灌溉。移栽时每穴浇灌3～5 L水，为根系更快地发育提供充足的水分，并使根系周围的土壤沉降。同时用喷灌使周围土层湿润约1.5 cm，用来激活除草剂。

（3）首次常规灌溉。在移栽后4～5周进行，灌溉量取决于土壤类型。对于质地较轻的土壤，用喷灌使土层湿润不应超过2.5 cm；而对于质地较重的土壤，用喷灌使土层湿润不应超过3.5 cm。

（4）第二次常规灌溉。在首次常规灌溉1周后进行，灌溉量按照土层湿润1.5～2 cm的标准实施。

（5）后期灌溉。后期灌溉受降水影响比较大，要结合土地干旱情况，择时灌溉。如遇干旱少雨天气，推荐的灌溉标准是现蕾期至第二次采收，每隔3～4天灌溉1次，灌溉量按照土层湿润1.5～2 cm的标准实施。第二次采收后每隔5～6天灌溉1次，灌溉量按照土层湿润1.5～2 cm的标准实施。

第三节 打顶和抹杈

打顶和抹杈是控制烟叶产量和等级构成的重要手段。打顶和抹杈如果失败，将会导致烟叶产量低、质量差，特别是中部叶和上部叶的产量和质量（图7–3、图7–4）。

打顶可增加烟叶的重量和尺寸，并改变其化学组分。幼嫩叶片对打顶的反应比老叶片大，因此，打顶越早，影响的叶片越多。

早打顶使烟叶最大限度地扩展和发育，晚打顶会减缓叶片发育，降低烟叶的产量潜力。试验表明，在初花期，每延迟一天打顶，产量潜力降低1%。晚打顶还会导致烟碱整体含量降低，并使中部叶和上部叶对白粉病的感病率升高。

打顶时间对烟叶的影响比打顶高度的影响更显著。烟株打顶要去掉的叶片数取决于烟株的生长潜力。生长旺盛的烟株打顶较高，生长不太旺盛的烟

图 7–3　打顶前烟株

图 7–4　打顶后烟株

株打顶较低。

在常规的施肥情况下，正常开花的品种打顶时留叶 18 片，对于多叶型品种，打顶时留叶 21～22 片。在最顶部采收叶长到不会因为打顶而受到伤害时，尽快开始打顶。在津巴布韦，一般采用足叶打顶。水浇地烟在旺长前期打掉 2～4 片脚叶后留足叶片则开始打顶；旱地烟在旺长前期打掉 4～6 片脚叶后留足叶片则开始打顶。

如果发生早花（不到 16 片叶），则一出现花蕾就要打顶。上部叶片通常小而窄，这样小而窄的叶片，应该在打顶时往下一并打掉，打到叶片大小比较合适的叶片处。如果留叶数不到 14 片，可留下从顶部往下数的第二个或第三个腋芽使其继续生长发育。留下腋芽继续生长通常阻止了其他腋芽的生长，但最好还是施用一种触杀型的抑芽剂。如果烟株茎秆细而弱，则抑芽剂的施用要推后，因为抑芽剂对这种烟株会产生严重损害。

第四节　化学抑芽

打顶对烟株的影响程度取决于随后如何有效地控制腋芽的生长情况。为达到早打顶的预期效果，对腋芽进行完全控制是十分必要的。采用化学抑芽

图 7–5　化学抑芽

比手工抑芽更容易、更有效（图 7–5）。但仍需配合手工抑芽，因为在施用抑芽剂时，有些叶腋可能会被漏掉，从而随着时间的推移影响抑芽剂的抑芽效果。

尽可能早地施用抑芽剂很重要。尽早使用抑芽剂要求配合严格的管理以确保抑芽剂（特别是局部内吸型的抑芽剂）不会泼洒到打顶后的顶部叶片上。建议在早期使用触杀型的抑芽剂，通过降低浓度（参见施用量）可减小灼烧。如果施用浓度较低，则在 5～7 天后，再施用常规浓度的正癸醇（decanol）或局部内吸型的抑芽剂。

第五节　烟草生产机械化

津巴布韦烟草生产机械化程度较高，烟草生产的主要环节基本上实现了机械化。机械器具类型主要有播种机械与播种器、整地机械、深耕机械、起垄机械、施肥施药器、灌溉机械、中耕培土机械、运烟机械、编烟装烟设备、加湿回潮设备等（图 7-6 至图 7-11）。

图 7-6　剪叶机械

图 7-7　起垄机械

图 7-8　中耕培土机械

图 7-9　灌溉机械

图 7-10　运烟机械

图 7-11　加湿机

第八章　肥料管理

第一节　施肥原则与方式

制订施肥方案必须基于土壤分析。对在各种土壤类型及不同气候条件下做的许多试验表明，不同地方对施肥的要求各不相同。本书所介绍的是一般性的施肥方案，因为没有两个地块或两个季节是完全相同的，要想推荐精确的肥料施用方案是不切实际的。

根据制订方案的考虑因素顺序介绍，首先是pH值，适宜pH值为5.3～6.3，如果过酸，用石灰或白云石粉调节；其次是磷肥，由于土壤速效磷含量相对较低，所以优先考虑，一般磷肥（P_2O_5）用量每亩6.5～8 kg，土质越黏重，pH值越低，磷肥用量越大；第三是钾肥，一般钾肥（K_2O）用量每亩8～12 kg，如后期缺钾补施K_2SO_4；第四是中量及微量元素，根据需要补充；最后是氮肥，施氮量的确定要考虑烟草品种、土壤质地、种植制度等因素，一般氮肥用量每亩5.5～9 kg。

津巴布韦烤烟施肥方式主要有围绕烟株圈施、条施（单条和双条）、穴施、撒施和深层施。围绕烟株圈施效果很好，但不实用；双条施的效果几乎与围绕烟株圈施的效果一样好，在距烟株10 cm处水平于所栽烟苗的根冠条带状施肥，既可以用机械在移栽前沿烟垄双条施肥，也可人工在栽烟后双条施肥；如果在栽前或栽后不久下雨，采用穴施效果较好，但在干旱情况下不宜采用穴施，因为穴施会导致烟苗生长受阻，严重情况下甚至导致烟苗死亡；撒施和深层施通常效果都不好，因为需要更多的肥料才能取得与其他施肥方法同样的肥效。

第二节　施肥方案

一、氮肥

氮对烟草生长的影响胜过其他任何营养元素。在烟草的主要生长过程中要求有速效氮供应，但在打顶时及之后的阶段，要求氮素供应迅速减少，因此烟农应在早期提供烟草生长所需的氮素。

理想情况下所有氮素养分都应在栽种前以烟草专用混合用肥的形式施入，但津巴布韦土壤砂性较强，烟株养分可控性强，而肥料易淋溶流失，施肥以追肥为主、基肥为辅，基肥比例仅占总施肥量的 30%～40%，剩余追肥在移栽后 50 天内分 3～4 次施完。

同类型的土壤早耕比晚耕含有更多有效氮，因此晚耕需要的氮更多。若植烟土壤为砂土，早耕的氮使用量推荐为每亩 6～8 kg，而晚耕的氮使用量推荐为每亩 7～9 kg；若植烟土壤为砂壤土，早耕的氮使用量推荐为每亩 5.5～7.5 kg，而晚耕的氮使用量推荐为每亩 6.5～8.5 kg。

二、磷肥

磷对烟草初期生长影响最大，若生产初期磷肥供应不足，则烟草的成熟期明显推迟。因此在烟草生长的早期，特别需要充足的速效态的磷。但磷酸盐是一种效率很低的肥料，给烟田施的磷肥有部分不能被烟草吸收，因为磷酸盐在土壤中扩散很慢，并很容易与土壤成分结合形成相对难溶的物质。

对烟草而言，施用磷肥最好是以水溶性磷酸盐施在烟株根系周围的小范围土壤中，如果施用的复合肥中所含的磷还不能满足烟苗的需要，则要补施磷酸钙（19%P_2O_5）或重过磷酸钙（38%P_2O_5）。

津巴布韦植烟土壤速效磷含量相对低，因此施肥方案除 pH 值外，磷肥用量是优先考虑的因素。新开垦的土壤缺乏磷，磷肥施用量为每亩 10 kg 。对于长期休耕的土壤、砂质黏壤土和质地黏重的土壤，磷肥施用量也应为每亩 10 kg；在大多数情况下，土壤应接收到每亩 6.5～8 kg 的磷肥施用量；经过 3～4 年与常规施肥作物轮作，土壤中的磷含量会有所提高，这时只需每

亩 4 kg 的磷肥施用量即可。

三、钾肥

烟草是喜钾作物，充足的钾素供应不仅可保证烟株生长代谢的正常进行和烟株的健壮生长，而且对改善烟叶品质尤为重要。津巴布韦大部分植烟土壤都含有丰富的矿质营养元素，能逐渐在烟草生长中释放出来。但由于烟草生长的早期对钾的需求量很大，各类土壤中此时所含的钾远远不够，所以施用充足的钾肥（K_2O）以满足烟株生长的需要是非常必要的。

烟草生长早期对钾的吸收量很高，在打顶以后逐渐减少，这期间土壤释放储存的钾与烟株吸收的钾达到平衡。对于津巴布韦植烟土壤，钾肥一次性施用量为每亩 8～12 kg，可以满足烟株生长的需要，没必要分次施或作为追肥后期增施。但如果土壤分析表明土壤缺钾，则需要钾肥施用量为每亩 12～15 kg。

四、中量及微量元素

津巴布韦植烟土壤缺镁情况虽不普遍，但在酸性土壤或钾肥施用较多的土壤中也会发生，在雨水很多的季节土壤缺镁情况也较普遍。如果在淋溶性花岗岩砂质土壤上栽种烤烟，为保险起见，应每亩施用镁肥 0.8～1.4 kg，可通过每亩施用白云石 7.5～12 kg 来实现。施用白云石的目的纯粹是为了补充镁，切勿与施用石灰混同。若在起垄之前将白云石撒施或耙入土中，由于量太小，应该采用穴施或侧施。

津巴布韦植烟土壤必须补充硼。所有商业性肥料都含有硼，混合肥施用量在每亩 50 kg 左右就能够提供足够的硼。若需要增施硼酸盐，可每亩施用 0.4 kg 硼砂或肥料硼酸盐（B 14.3%），或每亩施用 0.2 kg 速乐硼（B 20%），将其溶解于水中侧施，施在烟株之间。

第三节　施肥调查实例

土壤类型：砂土。

农户：Chidyausiku T.。

年份：2020 年。

密度：每亩 1000 株。

种植面积为 1200 亩（约 80 hm^2），产量约为每亩 233 kg（约 3.5 t/hm^2），收购均价为 23.8 元 /kg（3.5 美元 /kg，按 1 美元兑人民币 6.8 元的汇率折算）。投入成本为每亩 3168 元（约 7000 美元 /hm^2），收益为每亩 2380 元（约 5250 美元 /hm^2）。

（1）水浇地烟施肥情况如下。

移栽时，每公顷施 500 kg 复合肥（6 ∶ 28 ∶ 23）。

移栽后 3 周，每公顷施 120 kg 硝酸铵（34.5% N）。

移栽后 6 周，每公顷看长势追施 30～50 kg 硝酸铵（34.5% N）。

打顶时，每公顷施 75 kg 硝酸钙（15.5% N）。

（2）旱地烟施肥情况如下。

移栽时，每公顷施 450 kg 复合肥（6 ∶ 28 ∶ 23）。

移栽后 3 周，每公顷施 120 kg 硝酸铵（34.5% N）。

移栽后 6 周，每公顷看长势追施 30～50 kg 硝酸铵（34.5% N）。

打顶时，每公顷施 30 kg 硝酸钙（15.5% N）。

第九章　植保技术

第一节　植保方针

津巴布韦由于生态环境较好，轮作制度广泛推行，烤烟病虫害较轻。较常见的病害有烟草普通花叶病、野火病、白粉病、角斑病和根结线虫病，主要害虫有地老虎、蚂蚁、斑潜蝇等，主要采取选择抗病品种、合理轮作、大田药剂预防等措施进行植保。

第二节　苗床主要病害及防治

一、烟草普通花叶病（TMV）

TMV 在烤烟上可导致多种病症，主要是使叶片形成嵌有暗绿色和浅黄绿色斑块的花叶。其他症状还包括叶片出现卷曲、畸形和泡斑，同时全株明显矮化。

卫生消毒是 TMV 的基本防治方法，抗病品种也要注意卫生消毒。苗床播种时使用经过检验认证的种子，这些种子不会带有 TMV 病毒。在受到感染的苗床或大田中种植烤烟不要超过 2 年。

二、野火病

野火病为害之初，烤烟叶片出现小圆斑，周围有 1 圈失绿的晕圈，以后小圆斑变为褐色，周围有 1 圈黄晕。该病是系统性的，会产生浅黄色的畸形叶。在很潮湿的环境下，圆斑周围的晕圈可能消失。

可用氧氯化铜、氢氧化铜或苯并噻二唑进行化学防治。

三、角斑病

角斑病为害时，烤烟叶片出现不规则的坏死斑（褐色），之后病斑扩大合并为大面积的坏死组织。

可用氧氯化铜、氢氧化铜或苯并噻二唑进行化学防治。

四、赤星病

在苗床，赤星病病斑仅为害烤烟茎部，使之出现短小的褐色条纹。苗期感染往往是大田发病的传染源。

可用代森锰锌或百菌清进行化学防治。

五、蛙眼病

蛙眼病的典型为害特征是烤烟叶片上的病斑为小白点，外缘为褐色，并有黄色晕圈。

可用杀菌剂或百菌清防治。

六、立枯病

立枯病主要为害症状是在烤烟茎基部形成水渍状圆斑，严重时导致幼苗死亡。尽管这种疾病的为害在大田中也有发生，但如果所移栽的幼苗在苗床里处理得当，也可以避免在大田中发生。

可用哈茨木霉（T77）防治，它是一种能与立枯病病菌拮抗的商业生物菌剂，也有大量的证据表明 T77 能促进幼苗的生长，使幼苗的长势更为一致。

第三节　大田主要病害及防治

一、立枯病

立枯病能导致感病烟株死亡或至少出现很明显的发育迟缓和延迟。所有的防治手段均为预防性的措施并在苗床中进行。

二、青枯病

青枯病为害症状是烟株一边的叶片逐渐变黄并慢慢枯萎。如果将枯萎一边茎的表皮剥掉会发现在髓和表皮之间的组织中有许多黑线。该病仅发生在 11 月后期种植的烟株上。该病病菌的寄主范围很广，包括马铃薯、番茄、辣椒、

向日葵、落花生、藜、万寿菊和飞蓬。

对该病没有化学的防治方法。注意田间卫生可以使病菌扩散降到最低限度，该病病菌为土壤传播，所以在被感染田块中工作时所用的工具和鞋子在离开时应彻底清洗干净，并用次氯酸钠或福尔马林消毒。

三、黑胫病

黑胫病属于土传病害，主要为害灌溉作物。受害烟株萎蔫并且下部叶片慢慢变黄。茎基部常变黑并纵向裂开，髓部常会呈现梯状。

可用霜霉威盐酸盐或甲霜灵进行化学防治。

四、赤星病

赤星病主要为害症状是在烤烟成熟叶片上的病斑中心有褐色坏死斑点，外缘有黄晕。茎上通常具有扩大的斑点。低水平的感染可以被忽略，但在热湿的环境下会导致严重的叶片伤害。

良好的农业措施可以避免该病害的发生。其中最重要的措施是在收获时销毁茎秆，可以采取妥善掩埋或将其移出田间并焚烧的方法。

五、蛙眼病

蛙眼病主要为害症状是在烤烟叶片上形成中心为圆形的白色斑点，外缘褐色坏死，最外缘有轻微的黄色晕圈状病斑。

可用苯菌灵、异菌脲进行化学防治。将该病控制在每叶有几个斑点时即可，没有必要多施药剂。

六、白粉病

白粉病主要为害症状是在烤烟下部叶片两面形成粉状白点，随着叶片的逐渐展开，病症沿植株上移。白天温暖低湿、夜间凉爽结露的天气有利于该病害的发生。

津巴布韦种植的大部分烤烟品种都能抵抗白粉病。如果种植的为感病品种，可用消螨普或苯菌灵进行化学防治。

七、野火病和角斑病

野火病为害症状是初在烤烟叶片出现浅绿色晕圈的斑点，后斑点发展成中心为褐色、外缘为黄色晕圈的病斑。

角斑病为害症状是初在烤烟叶片出现不规则的坏死斑（褐色），之后病斑扩大并合并为大面积的坏死组织。冷湿天气有利于该病菌的传播。

合理施肥是十分必要的。高氮和低钾均能降低叶片抵抗水淹的能力进而易受野火病和角斑病病菌感染。考虑到农药残留问题，铜盐杀菌剂不提倡在大田中使用。如果这两种病害每年都发生，可用苯并噻二唑进行化学防治。

八、烟草花叶病（TMV）

TMV 在烟株上可导致多种症状，主要是使叶片形成嵌有暗绿色和浅黄绿色斑块的花叶。其他症状还包括叶片出现卷曲、畸形和泡斑，同时全株明显矮化。

进行田间操作之前和过程中的卫生消毒一定要严格，不要移栽感病植株到田间。田间如有感病的植株要及时移除、销毁，注意在移出大田时要将病株装在袋子里，以防感染其他植株，再次进行田间操作之前要用肥皂洗手。在感病地块应种植抗病品种。

九、烟草黄瓜花叶病（CMV）

被 CMV 感染的烤烟会形成花叶型斑驳，易与被 TMV 感染的病症相混淆。该病病毒的寄主范围很广，能通过蚜虫传播。

十、烟草曲叶病毒病（TLCV）

感染 TLCV 病毒的烤烟叶片严重皱缩、卷曲，烟株矮化。该病病毒的寄主范围很窄，能通过白飞虱传播。

十一、根结线虫病

防治根结线虫病可采取两项关键措施，即施用杀线虫剂和种植抗根结线

虫病作物，最好是两项措施结合使用。

第四节　主要害虫及防治

一、苗期及移栽后 1～2 周

（一）地老虎和蚂蚁

要每天仔细检查苗床以发现最初的虫患。在幼苗迅速生长时，没有必要对地老虎和蚂蚁进行常规处理。但是当发现幼苗正在变硬时，建议对地老虎进行防治处理，因为这种害虫经常破坏烤烟幼苗的基部，致其萎蔫，与缺水的症状相似。对于覆盖着平面塑料的苗床，有一种常规的处理方法是在封床之前或在蚂蚁、地老虎虫患暴发时，用喷水壶按 1.5 L/m^2 浇灌低浓度杀虫剂防治。

（二）斑潜蝇和叶食类昆虫

按大约 200 mL/m^2 的量施用下面所列药剂：低浓度杀虫剂 135 g/100L、一般杀虫剂 170 mL/100 L、高浓度杀虫剂 250 mL/100 L。这些杀虫剂均可溶于水，能迅速被浇水冲走，为达到最佳效果，至少在喷施药剂以后 24 h 内不浇水灌溉。这些农药均有较广的杀虫谱，在喷施后两周内不必施用其他相关农药。

（三）蚜虫

蚜虫能传播病毒，病毒在苗床内很容易感染其他幼苗。植株感染病毒后并不立即显现症状，要在移苗后数周内才能被发现。因此，对苗床蚜虫的控制应放在相当重要的地位，并作为一项常规的工作进行。发芽后 4 周内可以不对蚜虫采取特别的防治措施。低浓度杀虫剂也能控制蚜虫。

二、移栽后 2～4 周

这一阶段的害虫主要有烟青虫、斑潜蝇、蚜虫、蜻象、地老虎和叶食类昆虫。防治方法如下。

（1）喷施。此阶段用 30 cm 宽的喷雾带，以 500 L/hm^2 的药量直接在植株上方喷施以下药剂：低浓度杀虫剂 90 g/100 L、一般杀虫剂 100 mL/100 L、高浓度杀虫剂 175 mL/100 L。这次施药的主要目的是在烤烟最易受到害虫攻击时对其进行保护。烟青虫和斑潜蝇在田间暴发时再进行防治为时已晚，此时已经造成严重的伤害。此次所用药剂均为广谱、内吸性杀虫剂，使其对害虫天敌的影响最小化，而防治烟青虫、地老虎、蚜虫、斑潜蝇、蟏象和叶食类昆虫等害虫的有效期为 10～14 天。

（2）浇灌。如果食叶昆虫在这段时间没有出现，施用一种推荐的杀虫剂就可防治其他害虫。施药时，应从植株上方往下倾倒药剂，使其顺着茎流下。如果植株有所萎蔫就不能用此法。

三、中后期害虫

中后期的害虫情况有时是很严重的，尤其是在起垄以后长出杂草的地块或原先长有杂草后被除掉的地块。

（一）地老虎

（1）浇灌。如果茎的伤口是新鲜的，同时在挖掘植株周围垄土时有大量地老虎出现，此时可喷施一种推荐的杀虫剂， 每株用 30 mL 杯子浇灌 2 次以湿润茎周围的土壤，如有必要，揭开土皮让杀虫剂渗入土中。种植密度为 15000 株/hm^2 的地块，施药 450～900 L/hm^2。

（2）高容量喷施。如果下部叶被严重损害，高容量喷施植株基部，使喷雾覆盖下部叶，可对这种伤害进行较好的即时控制。

（二）烟青虫

烟青虫易被范围相当广的天然寄生虫寄生和天敌捕食，仅在打顶时为害严重。刚移苗后和早期移栽后的施药常可以有效防止该害虫的发生或将其限制在一个很小的影响范围。破坏性的虫患很可能发生在缓慢生长之后或打顶之后。烟青虫也可以用人工捡拾的方法加以防治，但在花叶病较重的农场最好不要用此法。如果每 100 株有 10 头烟青虫，要进行施药防治。

（三）蚜虫

（1）喷施抑芽剂。此方法适用于不能使用粒剂农药的地块和在移苗后喷施药剂或采用其他防蚜措施之后暴发的蚜虫为害，主要是将内吸性杀蚜剂加入浇灌抑芽剂时的溶液中一并施用。在 100 L 抑芽剂溶液中添加一定量的下列杀蚜剂，并用 16 mL 的杯子浇灌施药：25% 甲基内吸磷乳油 128 mL/100 L 溶液、40% 乐果乳油 375 mL/100 L 溶液、高浓度杀虫剂 350 mL/100 L 溶液。

（2）与敌菌灵或异菌脲一并喷施。喷施防治赤星病的杀菌剂时，若在烟草植株中上部发现有大量蚜虫为害，可以将杀蚜剂与杀菌剂一同喷施。可选择以下药剂：25% 甲基内吸磷乳油 450 mL/hm^2、40% 乐果乳油 565 mL/hm^2、高浓度杀虫剂 800 mL/hm^2。

第十章 烘 烤

第一节 烤房

津巴布韦烤房类型多样，各具特点，主要有传统烤房、烤霸、集中供热串阶式烤房、隧道式烤房。

一、传统烤房（自然通风气流上升式烤房）

传统烤房是津巴布韦比较原始的烘烤设施（图 10–1），烤房规格一般为 6 m × 6 m × 7 层。编烟设备采用铁丝制的简易小烟夹，平均每夹可编鲜烟 5 kg 左右（70～80 片）。每座烤房装烟量为 1000 夹左右，装烟密度为 26.5 kg/m^3。烤房由加热设备、装烟室和通风排湿系统组成。

图 10–1 传统烤房

二、烤霸（密集烤房）

烤霸的装烟室和加热室独立建设（图 10–2），中间通过热风进风口和热风循环口连接，加热室顶部安装 5.5～7 kW 循环风机，留可调节进风量的冷风进风口，根据烟叶烘烤时段热量需求量将热空气强制送入烤房，在装烟室后端开设 2 个排湿口。装烟设备可采用专用的烟夹，也可采用简易小烟夹编烟后挂在特制的推车上通过轨道整车推入，装烟密度达 103.7 kg/m^3，装烟密度比普通烤房增加 292%。

图 10–2 烤霸

三、集中供热串阶式烤房（密集烤房）

集中供热串阶式烤房是指有集中的独立供热设备，7～8 间烤房联体建设，各烤房之间通过热风循环通道形成闭环连接，通过热风道供热，利用热风循环通道进行连续化烘烤的烟叶烘烤设施（图 10–3、图 10–4）。

集中供热串阶式烤房主要由各单元装烟室、加热供热系统、热风循环系统、排湿回收系统和回潮系统五部分组成。用一个独立加热室（通常是蒸汽锅炉）进行集中供热，加热室安装 15～22 kW 风机，加热室与各烤房之间通过热风管道连接，前后烤房之间通过热风循环通道首尾相连形成闭环；各烤房排湿口通过排湿通道与加热室连接，排出空气循环利用；紧邻烤房间留回潮通道（图 10–5）。

图 10–3　集中供热串阶式烤房

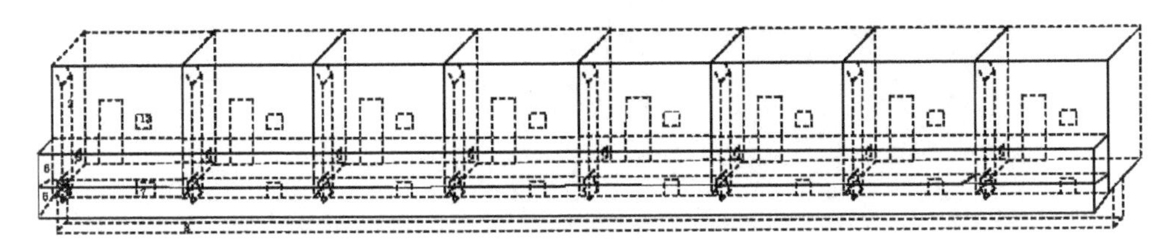

图 10–4　集中供热串阶式烤房构造图

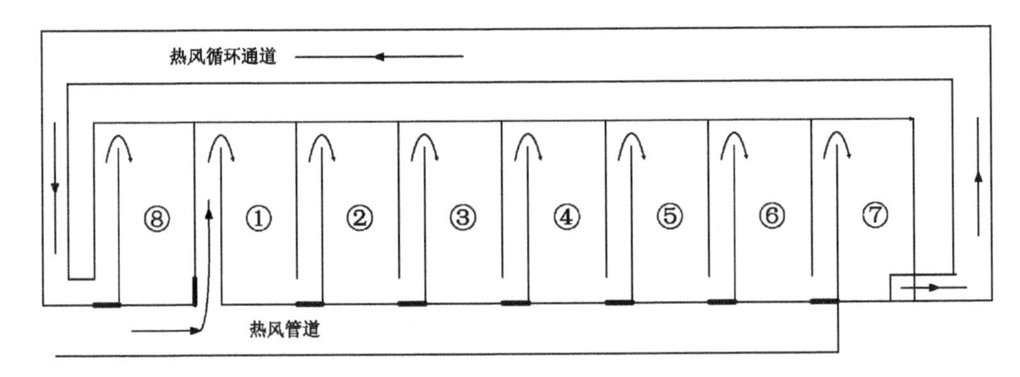

图 10–5　集中供热串阶式烤房烘烤原理示意图

四、隧道式烤房（密集烤房）

隧道式烤房是当前津巴布韦大中型商业农户流行使用的烘烤系统，具有高效节能的特点。在津巴布韦，超过60%的商业农户都使用隧道式烤房（图10-6至图10-9）。

图10-6　隧道式烤房（建造）

图10-7　隧道式烤房（建造）

图10-8　隧道式烤房（建造）

图10-9　隧道式烤房（建造）

（一）隧道式烤房的优势

（1）隧道式烤房可实现0.6 ：1的煤炭高效使用率（0.6 kg煤炭可烘烤出1 kg干烟）。其他系统为1：1至3：1的煤炭使用率。

（2）减少烘烤用工量。隧道式烤房只需要3名工人来操作50 hm^2种植面积的烤房烘烤量，而其他类型的烤房烘烤相同种植面积则需要多达10名工人。

（3）烟叶在农场采收过程中就直接装到挂杆车上，无须再次在烤房挂杆。

（4）挂杆车直接出入烤房，将烟叶损失和烟叶破损降到最低，烟叶烘烤质量得到显著提高。

（5）在烘烤过程中，农户可以在烤房内前后走动，对烟叶进行现场检查，这是其他烘烤设备无法做到的。

（6）烟叶烘烤后可悬挂在挂杆车上，因此能保持自然状态且易于分级。

（二）隧道式烤房的技术关键

隧道式烤房是一个热空气从热交换器流到烤房末端的连续系统，为获得良好的工作条件，设置系统的温度和湿度非常重要，重点关注以下几点。

（1）入口温度、全黄温度和变黄温度。入口温度应为 70℃，达到全黄的烤烟温度约为 43℃，变黄温度为 32～33℃。通过调节恒温器来控制入口温度，在整个烘烤期温度保持在 70℃。当应对不利条件时，温度可调升到约 75℃。

（2）通过增加或降低风扇的转速来调节气流，控制全黄温度为 43℃，如果温度太低，则增大气流；如果温度太高，则减弱气流。考虑到原烟的状况，在潮湿环境下温度会略有升高，在干燥条件下温度会略有下降。

（3）可以通过改变进入热交换器的空气含水量来调节烤房末端变黄温度。打开热交换器阀门可循环利用空气，将其关闭意味着大部分空气通过排气门排出。周围条件正常的情况下，变黄温度为 26～30℃。通过增加进入热交换器的含水量，变黄温度可以达到所需的 32～33℃，循环利用废气是增加入口含水量的最佳方法。

（4）烤房的变黄区间通常相对湿度较高，会导致烟叶达到全黄时枯萎不足，可以通过打开排气门进行调节。

第二节 成熟采收

烟叶成熟度主要根据烟叶的外观成熟特征来判断，同时结合烘烤过程中变黄时间的长短进行验证。采用“少量多次”的采收方式，即每次每株采收2～3片，7～9次采收完整株烟叶。

津巴布韦烤烟脚叶及下二棚烟叶成熟特征：田间1/3的烟株下部叶叶尖及叶缘表现出至少25 mm的黄色；主脉变白；叶色变淡；茸毛部分脱落；烟叶烘烤过程中叶片变色时间为60～72 h。成熟度经验：脚叶和下二棚烟叶必须及时抢收，不能过熟采收。

津巴布韦烤烟中部烟叶成熟特征：叶面出现成熟斑并开始起皱，黄色程度提高，叶尖下垂；主脉完全变白；烟叶烘烤过程中叶片变色时间为48～60 h。成熟度经验：中部烟叶出现成熟斑，标志着烟叶开始成熟，必须立即采收；中部烟叶必须在上部烟叶开始变黄前采收；中部烟叶应适熟采收。

津巴布韦烤烟上部烟叶成熟特征：田间1/2的烟株叶片基本全黄；叶面皱缩程度较大，成熟斑明显可见；茎叶角度增大并下垂；烟叶烘烤过程中叶片变色时间不能超过48 h。成熟度经验：上部烟叶应等烟叶充分成熟后采收。

第三节 烘烤技术

津巴布韦烤烟烟叶烘烤主要采用低温慢变黄为核心的技术工艺，一般分为2个阶段，即变黄阶段和干筋阶段（图10–10、表10–1）。

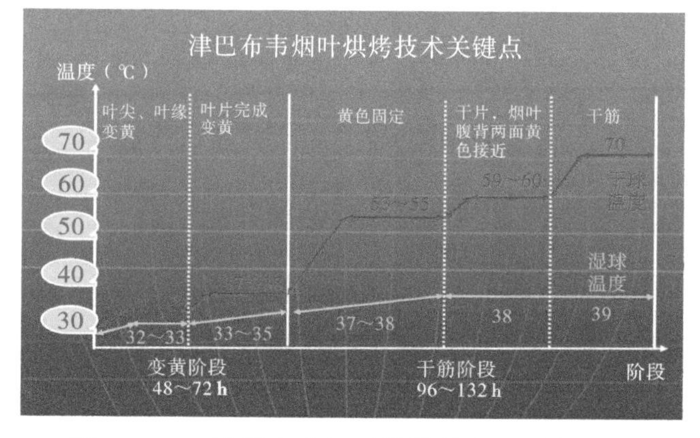

图10–10 津巴布韦烟叶烘烤技术工艺曲线图

表 10–1　津巴布韦烟叶烘烤技术关键点

烘烤阶段	干球温度（℃）	湿球温度（℃）	升温速度（℃/h）	烘烤时间（h）	烟叶变化要求
变黄阶段	34～35	32～33	1/3	24～36	叶尖、叶缘变黄
	37～38	33～35	1/2	24～36	叶片完全变黄
干筋阶段	38～55	37～38	1/2	48～60	黄色固定
	55～60	38	1	24～36	叶片干燥，烟叶腹背两面黄色接近
	61～70	39	1	24～36	主脉干燥

（1）变黄阶段。该阶段要求烟叶达到较高的变黄程度（完全变黄），主要操作技术要点：烟叶装炉点火后，以每 3 h 升温 1℃的速度将干球温度升至 34～35℃，湿球温度控制在 32～33℃，保持 6～12 h，使叶尖、叶缘变黄，然后以每 3 h 升温 1℃的速度将干球温度升至 37～38℃，湿球温度控制在 33～35℃，保持 12～18 h，直至烟叶完全变黄（图 10–11）。

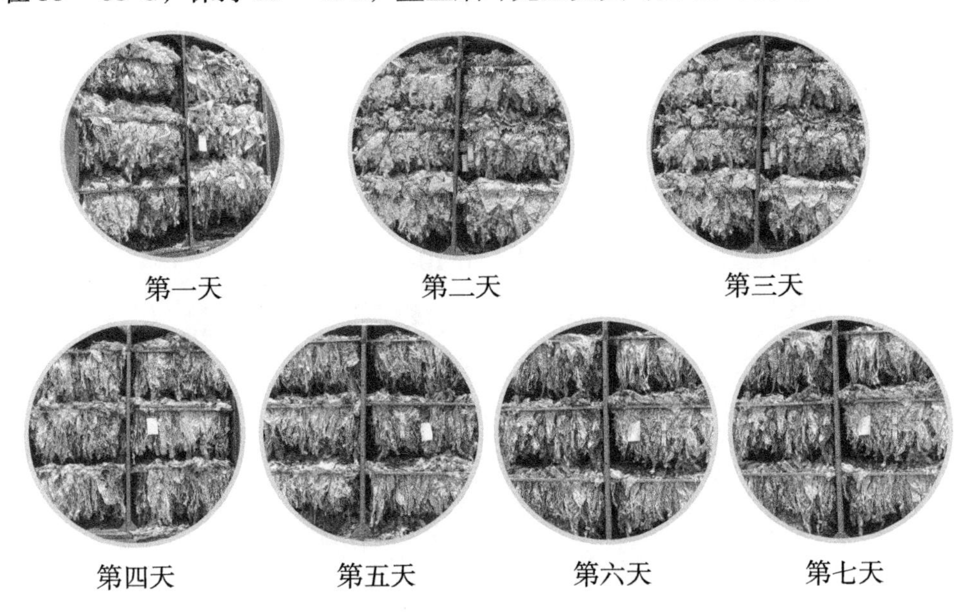

图 10–11　津巴布韦烟叶烘烤过程颜色变化图

（2）干筋阶段。烟叶完全变黄后进入干筋阶段，该阶段又可分为 2 个小阶段。具体烘烤操作要点：第一阶段以每 2 h 升温 1℃的速度将干球温度从 38℃升至 53～55℃，湿球温度保持在 37～38℃，保持 12～24 h，有利于烟叶黄色固定、香气前体物质大量形成和烘烤后成熟度提高；第二阶段以每 1 h 升温 1℃的速度将干球温度从 55℃升至 59～60℃，湿球温度保持在 38℃，促使烟叶腹背两面黄色接近，有利于叶片干燥和香味的改善，保持 12～24 h，然后以每 1 h 升温 1℃的速度将干球温度升至 70℃，湿球温度保持在 39℃，直到烟叶完成干筋，结束烘烤。

第四节　烤后处理

津巴布韦烤烟后叶处理一般包括烟叶回潮（图 10–12）和分级前打包贮藏（图 10–13）。回潮一般采用水蒸气回潮和自然回潮相结合的方法，应做到回潮均匀一致、叶片柔软、主脉硬脆。烟叶回潮后应及时下炕解烟，用木夹板打包贮藏，重量为 60～70 kg/ 包，并将品种、田块、采收和烘烤信息标记在烟包标签上，然后按照品种、部位、采收批次进行堆码贮藏和醇化，等待分级销售，从而提高烤后成熟度，改善烟叶颜色和香味，贮藏时间一般为 3～5 个月。

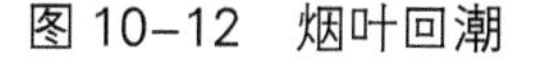
图 10–12　烟叶回潮

图 10–13　打包贮藏

第十一章　烟叶分级与销售

第一节　分级打包

烘烤结束后，烟农根据烟叶的部位、颜色等进行分级扎把（图 11–1、图 11–2）。津巴布韦烤烟烟叶分级标准较为复杂，理论等级有 1143 个。

图 11–1　烟叶分级

图 11–2　烟叶分级后打包待售

第二节　津巴布韦烟叶分级体系

一、组别划分

正组：分脚叶组（P）、下二棚组（X）、腰叶组（C）、上二棚组（L）、顶叶组（T）。

副组：分完熟叶组（H）、杈烟组（S）、碎片组（A）、碎叶组（B）、脚叶和下部叶散叶组（PTL）、上部叶和顶部叶散叶组（TTL）级外把烟或散叶组（NG）级外碎片或散叶组（NGA）。

二、颜色划分

颜色划分为浅柠檬黄色（E）、柠檬黄色（L）、橘黄色（O）、浅红棕色（R）、深红棕色（S）。

三、档次划分

档次划分以 1～5 来表示，分别为好（1）、较好（2）、中等（3）、较差（4）、差（5）。

四、类型因子

类型因子根据烟叶结构、柔软度和成熟度区分，分为完熟（H）、完熟无斑点（F）、标准等级（STANDARD GRADE）、结构紧密光滑或僵硬（K）。

五、附加因子

附加因子为非正常情况下造成的外部表现。包括斑点 >5%（A）、干糙叶（D）、烤红（Q）、微带青（V）、青烟（G）、珍珠鸡斑（Y），主要在脚叶和下部叶发生。

第三节　烟叶个性化分级体系

实际操作过程中，各烟草公司根据采购要求确定自己的分级标准，并制定烟叶样品。

一、组别划分

组别划分为脚叶组（P）、下部叶组（X）、腰叶组（C）、上部薄叶组（M）、上部叶组（L）、上部厚叶组（B）、完熟叶组（H）。

二、颜色划分

颜色划分为柠檬黄色（L）、橘黄色（O）、深橘黄色（M）、红棕色（R）。

三、档次划分

档次划分以1～5来表示，分别为好（1）、较好（2）、中等（3）、较差（4）、差（5）。

四、其他品质因素

其他品质因素包括斑点较多（A）、成熟度较好（F）、标准质量（J）、樱桃红（Q）、微带青（V）、青黄（G）、碎叶（S）。

例如，C2LA表示腰叶、档次较好、柠檬黄色、斑点较多；HM1FO表示上部薄叶、档次好、橘黄色、完熟。

第四节　烟叶销售

津巴布韦的烟草拍卖每年4月初开市；合同收购一般在开拍后的1～5个交易日内开秤，其主要目的是参照拍卖价格，对合同收购价格进行调整。整个销售时间持续4～6个月，8～10月结束。2003年以前，津巴布韦烟草交易体制完全为拍卖制，2004年开始了烟草合同制种植体制，至今是拍卖市场和合同种植双轨制并行。

津巴布韦烟草拍卖制度一般以包定价，烟叶分级、打包及管护显得至关重要，优质且一致的烟叶能够卖出好价钱，增加农场种烟收入。因此，农场主需按标准做好烟叶分组分级和包装，时刻关注拍卖信息，及时调整烟叶交售等级，以获取烤烟种植最大效益。

目前津巴布韦有3个烟草拍卖市场，分别是津巴布韦烟草拍卖市场（TSF）、津巴布韦工业和烟草拍卖中心（Zitac）和白肋烟拍卖市场（BMZ）。有资格

在拍卖市场购烟的公司有 2 类：一类是有 A 级许可证的公司，要求至少在拍卖市场购 500 t 烟叶，至少要保证 95% 的烟叶出口；另一类是有 B 级许可证的公司，要求至少要在拍卖市场购买 100 t 烟叶，但烟叶只能内销。

一、拍卖程序

（1）烟叶预定。农户通过电话、邮件或到现场，在 TIMB（津巴布韦烟草产业和营销委员会）拍卖系统内确认售烟数量和时间。

（2）接收烟叶。拍卖场根据预定单接受农户烟叶，与烟农核实确认收到烟包的数量、重量和销售时间。

（3）烟叶摆放。拍卖场根据接受系统排列的时间和序号将每包烟叶整齐摆放在拍卖场地。

（4）烟叶拍卖流程。烟叶拍卖流程如图 11–3、图 11–4 所示。

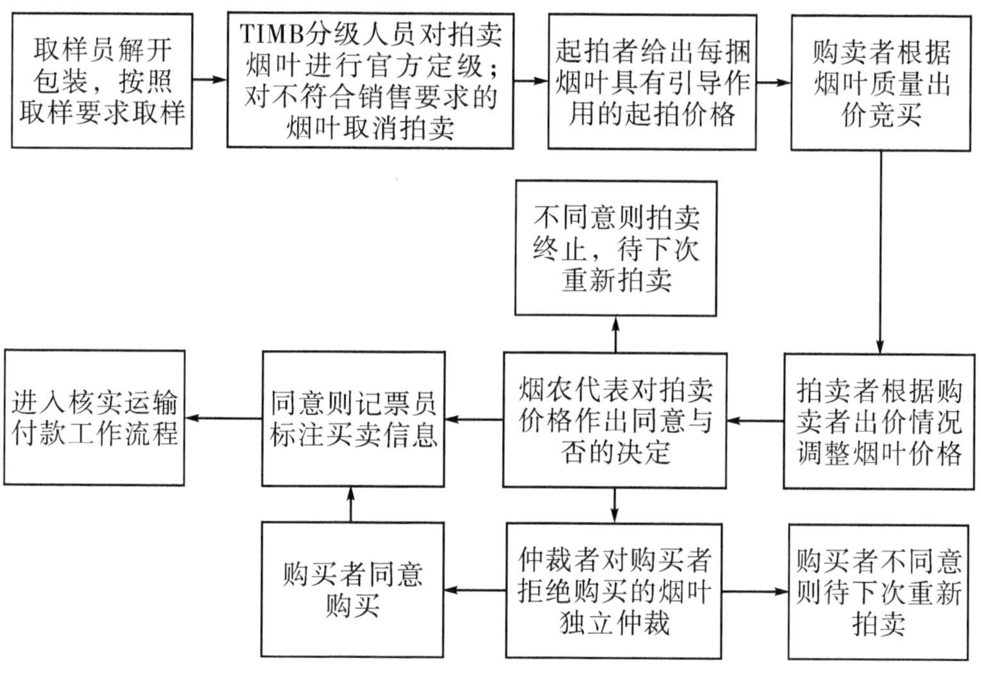

图 11–3　烟叶拍卖流程图

图 11-4　烟叶拍卖现场

（5）销售票据记录（图 11-5）。拍卖销售信息最初记录在一张销售票上。竞拍成功后，购买者写上自己公司的内部级别。

图 11-5　销售记录票据

（6）烟款支付。拍卖结束后，销售记录票据就被送到拍卖场的销售系统登记。竞拍者支付预付款给拍卖场，由拍卖场代付烟款给农户。

（7）烟叶分运出货。烟叶卖出后进入分发区，由拍卖场根据买家要求运送到相应的仓库。

（8）差异和调节。买家对送到的烟叶进行确认入库，如果购买的烟叶丢失，拍卖场承担相应责任。

二、合同收购制度

合同收购，即烟草公司或烟草买家到各农场考察后，根据自己的需要与合适的农场签订合同，向农场提供生产资金，而农场生产出来的烤烟就只能卖给与自己订立合同的烟草公司或烟草买家。

近年来，合同收购生产模式成为津巴布韦烟叶生产的主要模式。据统计，2020 年合同收购生产烟叶量已经达到津巴布韦烟叶总产量的 85%。TIMB 颁布文件要求合同收购价格不得低于拍卖市场价格，否则农户有权利选择到拍卖市场销售。

三、合同收购程序

（1）烟叶预定。农户通过电话、邮件或者到现场，由烟草公司或烟草买家在 TIMB 合同收购系统内确认售烟数量和时间。

（2）接收烟叶。烟草公司根据预定单接收农户烟叶，与烟农核实确认收到烟包的数量、重量。

（3）烟叶摆放。将烟叶整齐有序摆放在收购场地。

（4）烟叶合同收购流程。烟叶合同收购流程及现场如图 11–6、图 11–7 所示。

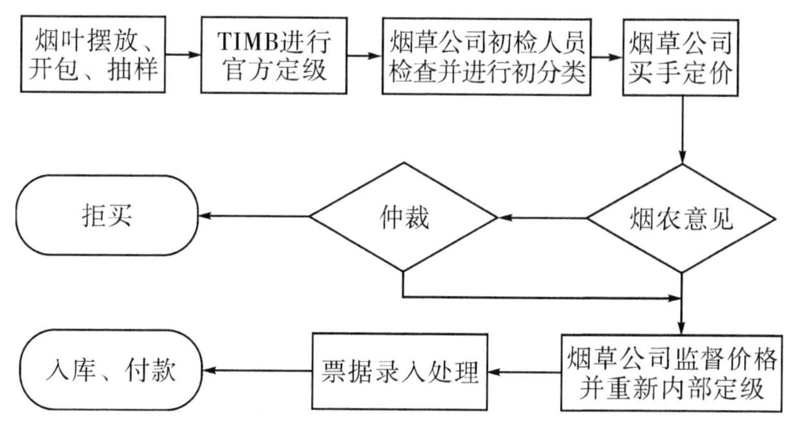

图 11–6 烟叶合同收购流程图

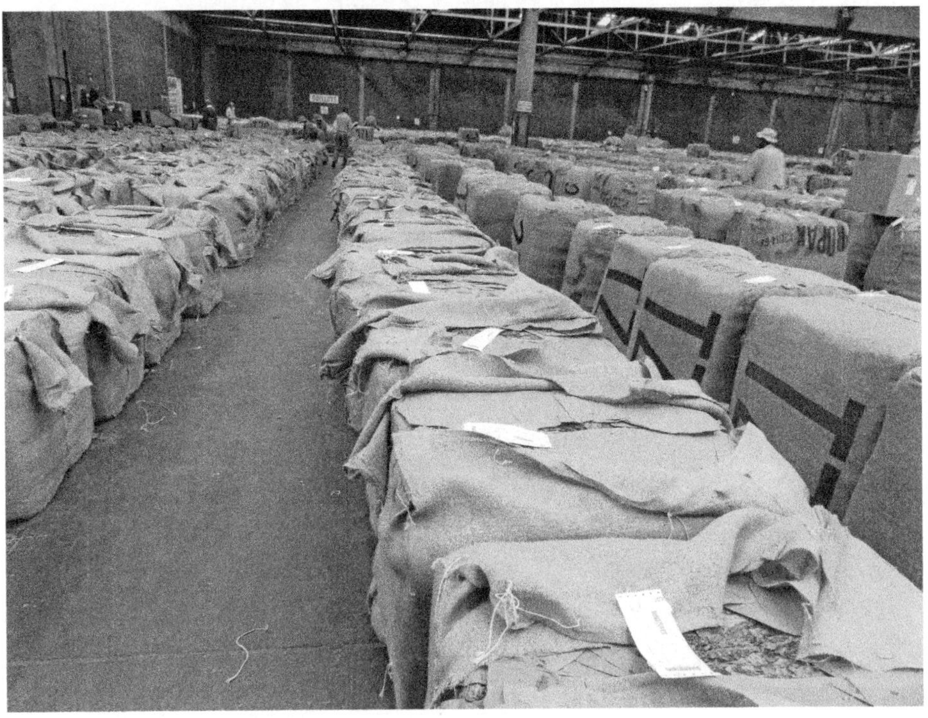

图 11–7　烟叶合同收购现场

第十二章　合同生产管理

第一节　合同农户管理流程

（1）农户首先提出开展烤烟生产合作的意向，公司根据农场检查报告决定与该农户合作与否。

（2）对确定合作的农户进行资格审查，农户需要提交土地使用证或租地协议、近几年种烟记录、身份证明等文件。

（3）提前制订对该农户的资金投入计划。

（4）与农户开展商务谈判，最终确定投入面积和金额。

（5）共同签署烤烟生产合同。

（6）农户按照合同规定申请资金投入并开展烤烟生产。

（7）公司在生产过程中对合同落实情况进行监管并给予技术培训和指导。

（8）合同农户按照合同规定销售初烤烟叶给公司并通过销售款偿还资金投入。

第二节　农户评价与投入标准

一、农户评价主要指标

（1）财务评价。主要从欠款情况、债务率、农户是否购买保险、是否有资产抵押等方面进行评价。

（2）农户和农场评价。主要从土地安全性、种植合法性、农场生产条件及农户素质等方面进行评价。

（3）生产水平评价。主要从产量、一二类烟比例以及均价进行评价。

二、合同农户分类

合同农户分类如表 12–1 所示。

表 12–1　合同农户分类表

农户类别	评价得分
一级	85分（含）以上
二级	70～84分
三级	60～69分
四级	50～59分
五级	49分（含）以下

三、投入标准

根据生产计划量、农户种烟积极性、生产成本、投入风险等情况，对照当地其他烟草商的投入政策,在合同签订之前制定不同类别农户的投入标准。

第三节　种植合同签订

（1）农户评价的结果是确定农户投入标准的重要依据。

（2）与农户开展合同种植商务谈判，签订种植合同（图 12–1），在投入计划内与农户确定投入水平和投入明细表（表 12–2）。

第四节　投入实施

（1）合同种植投入分为现金投入和物资投入 2 个部分。

（2）在确定投入额度内，可根据农场检查情况和实际情况，对投入明细表具体投入项目进行调整，确保农户正常有效开展烟叶生产。

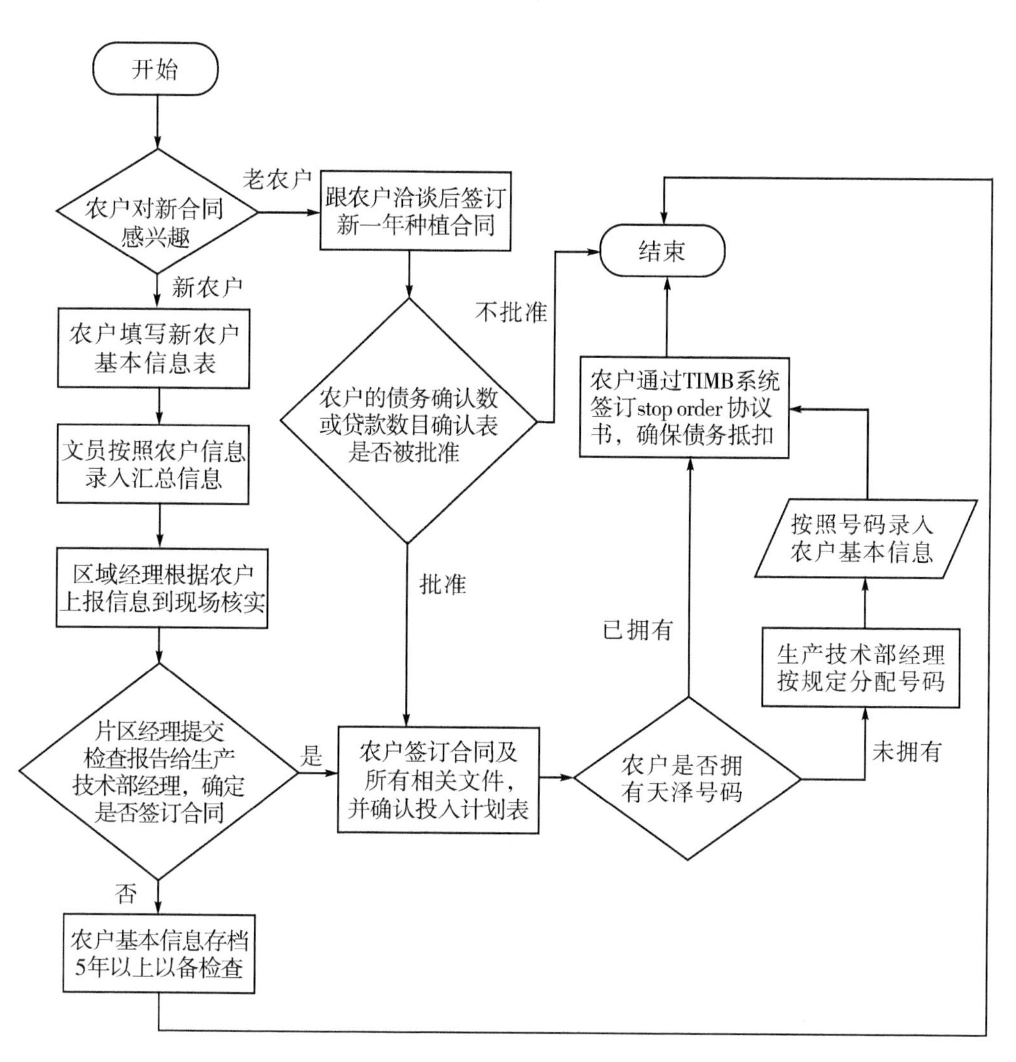

图 12-1　种植合同签订流程图

表 12–2　投入明细表

NAME:							(Note: NO ADDITIONAL INPUTS WILL BE APPROVED AFTER THIS CASHFLOW HAS BEEN SIGNED)											
TZ NO.	OPERATION	TOTAL ($)	UNIT PRICE ($)	QTY PER HA	UNIT	INPUT	TOTAL QTY	MAY	JUN.	JUL.	AUG.	SEPT.	OCT.	NOV.	DEC.	JAN.	FEB.	MAR.	COMMENTS
		19.75	0.599	33.00	kg	COMPOUND"S"	—												
		31.90	2.900	11.00	L	METAM SODIUM	—												
		6.60	6.600	1.00	kg	COPPER OXYCHLORIDE	—												
	SEEDBED	1.73	0.578	3.00	kg	AMMONIUM NITRATE	—												
		26.94	449.000	0.06	kg	BION	—												
		15.25	305.000	0.05	L	BELT	—												
		25.00	5.000	5.00	g	SEED	—												
TOTAL		340.20	340.200	1.00	L	VELUM	—												
HA.		49.50	16.500	3.00	L	OXYMIL	—												
		15.25	305.000	0.05	L	BELT	—												
	LAND	259.09	17.273	15.00	L	EDB													
	CHEMICALS	66.28	8.285	8.00	L	N'DECANOL	—												
IRRI:		61.74	0.103	600.00	kg	DOLOMITIC LIME (Incl. transport)	—												
DRY:		21.60	72.000	0.30	L	AUTHORITY	—												
		23.80	11.900	2.00	L	COMMAND	—												
		25.50	8.500	3.00	L	DUAL	—												
	LAND	463.05	0.772	600.00	kg	HIGH 'C'	—												
	FERTILIZERS	115.50	0.578	200.00	kg	AN/LAN	—												
		1008.00	1.260	800.00	L	DIESEL	—	×											
		225.00	1.500	150.00	L	PETROL	—	×											
	FARM	0.00	1.000		$	R & M	—	×	×	×	×								
	OPERATIONS	0.00	1.000		$	ZESA		×	×	×	×								
		0.00	1.000		$	WAGES	—	×	×	×	×								

续表

TZ NO.	OPERATION	TOTAL ($)	UNIT PRICE ($)	QTY PER HA	UNIT	INPUT	TOTAL QTY	MAY	JUN.	JUL.	AUG.	SEPT.	OCT.	NOV.	DEC.	JAN.	FEB.	MAR.	COMMENTS
	CURING	825.00	165.000	5.00	TON	COAL	—												
	GRADING	120.00	4.000	30.00	PAIR	HESSIAN	—												
	&	85.05	85.050	1.00	ROLL	WRAPPING PAPER	—												
	SELLING	2.00	0.050	40.00	PC	BALE TICKETS	—												
	OTHERS						—												
							—												
TOTAL COST			ALL INCLUDED																
COST / HA																			

FARMER'S SIGNATURE··DATE······················

PRODUCTION MANAGER······················.························DATE······················

NB:

A: The cashflow is subject to full implementation dependent on the satisfactory performance of the farmer or grower.

B: Downward adjustments will be effected if:

Ⅰ) Grower does not grow or plant the contracted hectare subject to confirmation by GPS;

Ⅱ) The grower does not or constantly fails to implement agronomic advice from Tian Ze or its representatives;

C: The grower should only take the given total quantities as per the above cashflow.

D: The above indicated price are subject to change according to actual market price.

INPUTS LEVELS PER HECTARE ARE DECIDED BY THE PRODUCTION MANAGER ONLY.

第五节　农场检查

生产管理人员制订农场检查计划，根据计划每月至少检查所属片区农户1次（图 12–2），并按要求提交检查报告。

图 12–2　农场检查

生产管理人员在检查农场过程中同时进行生产技术指导（图 12–3），并帮助农户解决生产中的技术问题。根据生产需要在烤烟生产关键时期召开生产技术培训会。

图 12–3　现场培训提高技术水平

第六节　生产投入抵扣

收购前，生产管理人员对农户烟叶进行测产评估。

收购期间，生产管理人员严密监测每个农户的烟叶生产数量，结合投入

金额、烟叶数量和质量，每周上报抵扣情况并提出预警或建议，确保投入资金完全回收。

收购结束，生产管理人员对每个农户进行分析总结，提出改进建议。

烟叶销售抵扣流程如图 12-4 所示。

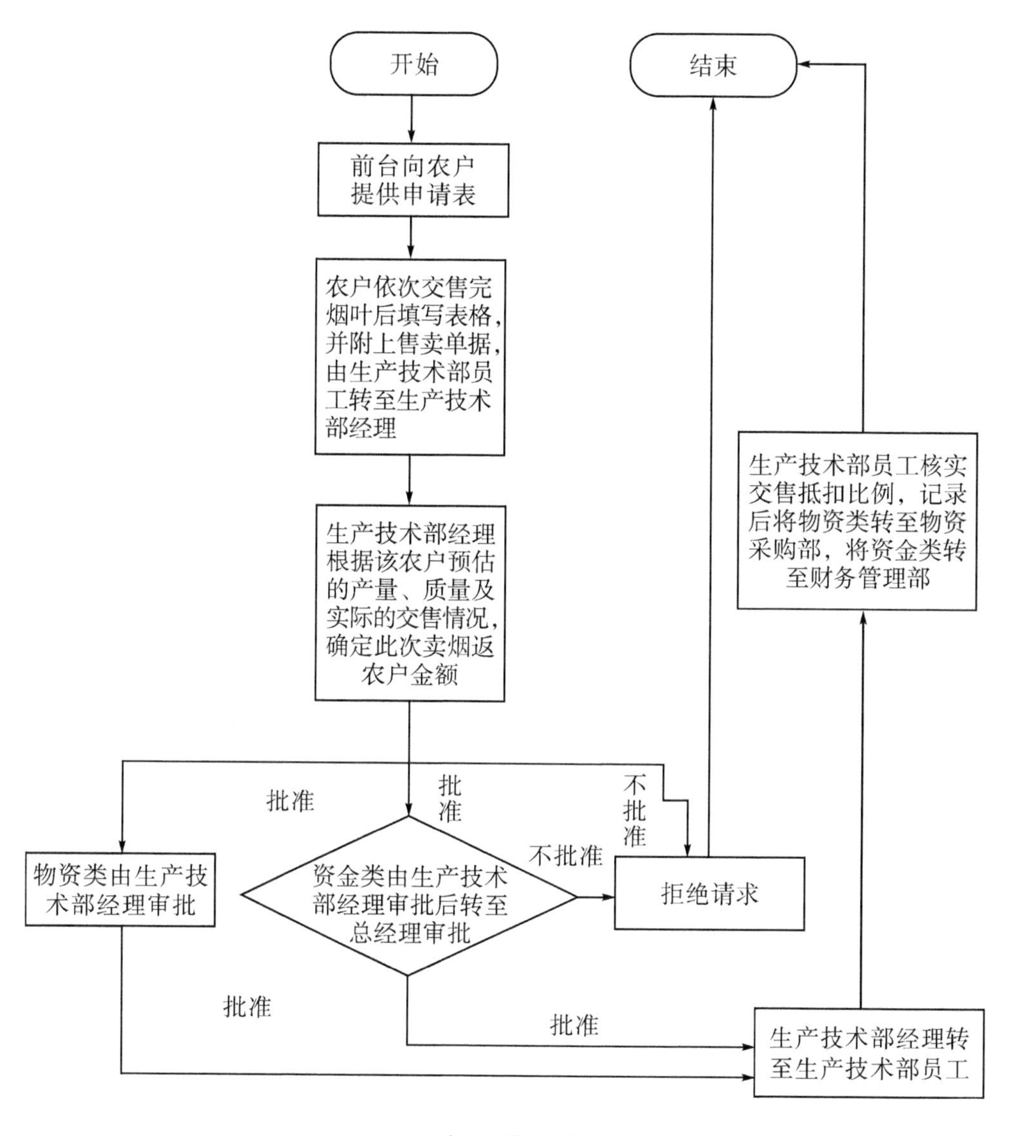

图 12-4　烟叶销售抵扣流程图

附件一　烤烟生产阶段主要农事操作

一、5 月农事操作

（1）分级。

（2）销售。

（3）灌溉烟苗床准备。

（4）秸秆掩埋。

二、6 月农事操作

（1）分级。

（2）销售。

（3）灌溉烟作物播种。

三、7月农事操作

（1）分级。

（2）销售。

（3）灌溉烟苗床管理。

（4）土地整理。

（5）仓库维修。

（6）旱地烟苗床准备。

四、8月农事操作

（1）旱地烟播种。

（2）完成分级和销售。

（3）灌溉烟炼苗。

（4）灌溉烟移栽前土地准备。

五、9月农事操作

（1）灌溉烟移栽。

（2）施用肥料。

（3）使用除草剂。

六、10月农事操作

（1）旱地烟移栽前准备。

（2）施用肥料。

（3）除草。

（4）灌溉烟打顶抹芽。

七、11 月农事操作

（1）旱地烟移栽。

（2）施用肥料。

（3）除草。

（4）灌溉烟打顶抹芽。

八、12 月农事操作

（1）旱地烟移栽与管理。

（2）施用肥料。

（3）除草。

（4）水分管理。

（5）灌溉烟采收烘烤。

九、1月农事操作

（1）旱地烟打顶抹芽。

（2）施用肥料。

（3）除草。

（4）水分管理。

（5）灌溉烟采收烘烤。

十、2月农事操作

灌溉烟及旱地烟采收烘烤。

十一、3月农事操作

（1）旱地烟采收烘烤。

（2）开始分级。

十二、4月农事操作

（1）旱地烟采收烘烤。

（2）分级、销售。

（3）掩埋烟秆。

附件二　国内某卷烟工业公司关于津巴布韦烟叶调研报告（节选）

一、调研区域与取样农户

本次调研根据津巴布韦烟叶种植区划、区域环境差异性及农户分布等信息，选取各区域代表性种植点与取样农户，具体信息如附表 1 所示。

附表 1　调研区域分布与取样农户

烟区（农场位置）		农户编号
南部烟区	Marondera	137#
	Macheke	162#
	Rusape	150#
	Hwedza	292#
	Beatrice	55#
中部烟区	Chinhoyi	60#
	Trelawney	240#
	Chegutu	187#
北部烟区	Banket	362#
	Karoi	419#
	Karoi	314#
	Mvurwi	483#

二、调研区域烟田土壤、海拔与地形概况

调研区域烟田土壤、海拔与地形概况如附表 2 所示。

附表 2　调研区域取样农户烟田土壤、海拔与地形概况

烟区	农户	海拔（m）	土壤概况	地形
南部烟区	137#	1500	砂壤土，土层深厚、偏酸性，需用生石灰调节pH值	平地
	162#	1500	砂壤土，土层深厚	平地—缓坡
	150#	1500	砂壤土，土层深厚	缓坡

续表

烟区	农户	海拔（m）	土壤概况	地形
南部烟区	292#	1515	砂壤土，土层深厚	缓坡
	55#	1500	砂壤土、土层深厚、底层土黏性略高，土色稍红	平地
中部烟区	60#	1188	砂壤土，黏性较高	缓坡
	240#	1200	砂壤土、土壤贫瘠、需肥量较多	缓坡
	187#	1300	砂壤土	平地
北部烟区	362#	1264	砂壤土，黏性稍强，部分土色稍红	缓坡
	419#	1200	砂壤土，部分土色稍红	缓坡
	314#	1308	砂壤土	缓坡
	483#	1350	砂壤土	缓坡

三、调研区域农户生产情况

调研区域农户生产情况如附表3至附表5所示。

附表3　南部烟区取样农户生产情况

农户	品种	灌溉条件	面积（hm^2）	产量（t/hm^2）	移栽期（日/月）	农户自评
137#	KRK26	水浇地	110	3.9	1/9～5/9	产量较上一年低，色度较上一年好
	KRK66	水浇地	110	3.9	1/10～10/10	
162#	KRK26	水浇地	30	3.8	7/9～11/9	产量较上一年低，质量总体比上一年好，但降水量大导致部分烟叶假熟
	KRK66	水浇地	30	3.0	11/9～25/9	
	KRK66	旱地	20	3.0	25/11～1/12	
150#	KRK26	水浇地	60	3.9	1/9～7/9	产量较上一年低，质量总体比上一年略好
	KRK66	水浇地	67	3.3	20/10～27/10	
	KRK66	旱地	55	3.3	20/11～27/11	
292#	KRK26	水浇地	30	2.0	1/9～27/9	正常年景下KRK66好于KRK26，本年度KRK26表现更好
	KRK66	旱地	30	2.0	16/11～30/11	

续表

<table>
<tr><th>农户</th><th>品种</th><th>灌溉条件</th><th>面积（hm²）</th><th>产量（t/hm²）</th><th>移栽期（日/月）</th><th>农户自评</th></tr>
<tr><td rowspan="2">55#</td><td>KRK26</td><td>水浇地</td><td>40</td><td>2.7</td><td>1/9～5/9</td><td rowspan="2">产量较上一年低，质量有所提升</td></tr>
<tr><td>KRK66</td><td>旱地</td><td>110</td><td>2.0</td><td>15/11～27/11</td></tr>
<tr><td colspan="7">注：南部烟区取样农户平均产量差异较大，为2.0～3.9 t/hm² 不等，其中137#、162#、150#农户产量较高，为3.0～3.9 t/hm² 不等。而292#、55#农户产量较低，仅有2.0～2.7 t/hm²；该区域KRK26品种产量总体高于KRK66，但在正常年景下KRK66产量高于KRK26，本种植年度因降水量较大导致KRK66产量明显下降</td></tr>
</table>

附表4　中部烟区取样农户生产情况

<table>
<tr><th>农户</th><th>品种</th><th>灌溉条件</th><th>面积（hm²）</th><th>产量（t/hm²）</th><th>移栽期（日/月）</th><th>农户自评</th></tr>
<tr><td rowspan="3">60#</td><td>KRK26</td><td>水浇地</td><td>60</td><td>3.0</td><td>1/9～7/9</td><td rowspan="3">产量下降，质量有所提升，土壤肥力较正常，但降水量不正常，不易控制施肥</td></tr>
<tr><td>T75</td><td>水浇地</td><td>30</td><td>2.8</td><td>8/9～12/9</td></tr>
<tr><td>T71</td><td>水浇地</td><td>13</td><td>3.2</td><td>12/9～15/9</td></tr>
<tr><td rowspan="3">240#</td><td>KRK26</td><td>水浇地</td><td>100</td><td>4.0</td><td>1/9～10/9</td><td rowspan="3">质量总体比去年好，本年度大田期降水量为960 mm，正常降水量为700 mm；水浇地油分更好更干净，旱地斑点多，上一年刺激性大，本年度更柔和</td></tr>
<tr><td>KRK66</td><td>水浇地</td><td>60</td><td>4.0</td><td>1/9～10/9</td></tr>
<tr><td>KRK66</td><td>旱地</td><td>180</td><td>3.3</td><td>25/10～10/11</td></tr>
<tr><td rowspan="2">187#</td><td>KRK66</td><td>水浇地</td><td>15</td><td>2.0</td><td>1/9～10/9</td><td rowspan="2">雨水导致产量下降较多，正常年景下产量为2.8～3.3 t/hm²</td></tr>
<tr><td>T72</td><td>旱地</td><td>15</td><td>2.5</td><td>1/11～10/11</td></tr>
<tr><td colspan="7">注：中部烟区取样农户间产量差异大，为2.0～4.0 t/hm² 不等，其中60#和240#农户产量较高，为2.8～4.0 t/hm²，187#农户产量最低，仅有2.0～2.5 t/hm²。农户总体认为本年度产量下降，但与上一年严重干旱条件相比，质量有所提升。该区域大田期降水集中在1月，且降水量较大，部分时段降水量达到1500 mm，产量下降较多，且在过多降水下无法很好地控制肥力水平</td></tr>
</table>

附表 5　北部烟区取样农户生产情况

农户	品种	灌溉条件	面积（hm^2）	产量（t/hm^2）	移栽期（日/月）	农户自评
362#	KRK66	水浇地	15	3.0	1/9～15/9	早栽旱地的烟叶偏橘黄色，晚栽的烟叶偏柠檬黄色。雨水太大导致产量下降，正常年度降水量为700～900 mm，本年度达1400 mm，但总体质量与上一年较一致
	KRK66	早栽旱地	10	2.0	20/10～25/10	
	KRK66	晚栽旱地	24	3.8	15/11～20/11	
419#	KRK66	水浇地	30	3.0	1/9～14/9	大雨过后立即升温，田间积水烂叶，不利于管理
	KRK66	旱地	30	3.0	1/11～14/11	
314#	KRK66	水浇地	40	3.0	1/9～14/9	质量有所提升，但产量下降，往年平均产量为4.1 t/hm^2
483#	KRK66	水浇地	90	3.0	15/9～10/10	质量有所提升，但产量下降；T75抗病差，T72抗病好且叶面干净
	T72	水浇地	40	3.0	15/9～10/10	
	T75	水浇地	42	3.0	15/9～10/10	
	T75	旱地	45	3.0	15/11～20/11	
注：北部烟区取样农户产量约为 3.0 t/hm^2，最高产量为 3.8 t/hm^2，农户之间产量差异不大。农户整体认为本年度产量有所下降，质量与上一年持平或略有提升。该区域本年度降水集中在 1 月，且大雨过后很快升温，导致烟叶病斑多。						

四、调研区域烟叶样品外观质量评价

调研区域烟叶样品外观质量评价如附表 6 至附表 8 所示。

附表 6　南部烟区烟叶样品外观质量评价

品种	部位	颜色	成熟度	结构	身份	油分	色度
KRK66-水浇地	中部	橘黄色	成熟	疏松	中−	有+至多	中+至强
KRK26-水浇地	上部	橘黄色+	成熟	尚疏至稍密	稍厚	有	强

续表

品种	部位	颜色	成熟度	结构	身份	油分	色度
KRK66-水浇地	上部	橘黄色+	成熟	疏松至尚疏	稍厚至中+	有	强
评价：南部烟区烟叶样品总体上颜色呈橘黄色，油润感好，色度强，斑点较少，外观质量较好。中部烟叶成熟度较好，叶片略薄；上部烟叶成熟度略欠，叶片结构较为疏松。							

附表 7　中部烟区烟叶样品外观质量评价

品种	部位	颜色	成熟度	结构	身份	油分	色度
KRK26-水浇地	中部	橘黄色	成熟	疏松	中−	有−	强−
T75-水浇地	中部	橘黄色	成熟	疏松	中−	有−	强−
T71-水浇地	中部	橘黄色	成熟	疏松	中−	有−	强−
KRK26-水浇地	上部	橘黄色	成熟	尚疏	稍厚−	稍有+	强−
T75-水浇地	上部	橘黄色	成熟	疏松至稍密	稍厚−	稍有+	强−
T71-水浇地	上部	橘黄色	成熟	稍密	稍厚	稍有	强−
评价：中部烟区烟叶样品总体上颜色呈橘黄色，成熟度稍欠，结构较疏松；T系列品种上部烟叶结构稍密，叶片稍厚，而中部烟叶普遍偏薄。							

附表 8　北部烟区烟叶样品外观质量评价

品种	部位	颜色	成熟度	结构	身份	油分	色度
KRK66-水浇地	中部	橘黄色−	成熟	疏松	中	有	中+
KRK66-旱地（早栽）	中部	橘黄色−	成熟	疏松	中+	稍有+	中+
KRK66-旱地（晚栽）	中部	橘黄色−	成熟	疏松	中−	有−	中+
KRK66-水浇地	上部	橘黄色	成熟	尚疏至稍密	厚−	有−	中+
KRK66-旱地（早栽）	上部	橘黄色	成熟	疏松至尚疏	稍厚+	稍有+	中+
KRK66-旱地（晚栽）	上部	橘黄色	成熟	疏松至尚疏	中+	稍有	中+
KRK66-旱地	上部	橘黄色	成熟	稍密	稍厚+	稍有	中+
评价：北部烟区烟叶样品总体上颜色呈橘黄色，成熟度较好，叶片结构较疏松，但油分稍欠；水浇地优于旱地，旱地（早栽）优于旱地（晚栽）。							

五、调研区域烟叶样品感官质量评价

调研区域烟叶样品感官质量评价见附表 9 至附表 11。

附表 9　南部烟区烟叶样品感官质量评价

等级名称	感官质量评价	总体评价
KRK26-B-水浇地	津巴布韦烟叶香气特征突出，焦香较显，甜感稍弱，香气质好，烟气稍粗糙，刺激稍大，略浑浊，稍有残留，焦香比KRK66更为明显	津巴布韦烟叶香气特征突出，总体以中部烟叶质量表现最好，但香气量稍欠
KRK66-B-水浇地	津巴布韦烟叶香气特征突出，香气质好，香气量中，焦香较为明显，甜感稍弱，浓劲中+，刺激较小，余味舒适干净	
KRK66-C-水浇地	津巴布韦烟叶香气特征突出，香气质好，香气量中+，以焦甜为主，略带膏甜、蜜甜，甜润感较好，丰富绵长感较好，劲头稍偏大，刺激小，余味舒适干净	

附表 10　中部烟区烟叶样品感官质量评价

等级名称	感官质量评价	总体评价
KRK26-C-水浇地	津巴布韦烟叶香气特征明显，香气质中等，甜稍有，香气量中−，稍有杂气，劲头中−，余味尚干净	津巴布韦烟叶香气特征明显，感官质量总体评价KRK26＞T71＞T75
T75-C-水浇地	津巴布韦烟叶香气特征明显，甜感弱，劲头中−，香气量不足	
T71-C-水浇地	津巴布韦烟叶香气特征明显，甜感弱，劲头中−，香气量不足，有杂气	
KRK26-B-水浇地	津巴布韦烟叶香气特征明显，焦香有，香气质中等，甜感弱，香气量中+，劲头适中	
T75-B-水浇地	津巴布韦烟叶香气特征明显，烟气较细腻，香气量中−，劲头适中	
T71-B-水浇地	津巴布韦烟叶香气特征明显，烟气细柔，劲头较小，刺激稍有	

附表 11　北部烟区烟叶样品感官质量评价

等级名称	感官质量评价	总体评价
KRK66-C-水浇地	津巴布韦烟叶香气特征一般，焦甜带蜜甜，香气质好-，香气量中，浓度中等，劲头中+	津巴布韦烟叶香气特征一般，感官质量总体评价KRK66-水>KRK66-旱（早栽）>KRK66-旱（晚栽）
KRK66-C-旱地（早栽）	津巴布韦烟叶香气特征一般，香气量足，劲头偏大，有刺激	
KRK66-C-旱地（晚栽）	津巴布韦烟叶香气特征一般，焦甜弱，刺激较大，香气量中-	
KRK66-B-水浇地	津巴布韦烟叶香气特征明显，焦甜较显，稍有残留，香气量中-，劲头中+，余味较干净	
KRK66-B-旱地（早栽）	津巴布韦烟叶香气特征明显，焦香较显，甜香稍弱，香气质中+，香气量中+，劲头中+，稍有残留，余味尚舒适	
KRK66-B-旱地（晚栽）	津巴布韦烟叶香气特征一般，香气量中-，有残留，劲头中+	

六、调研小结

（1）各区域烟叶产量差异与生态差异无明显相关性，产量差异大体取决于农户生产水平不同。

（2）烟叶整体质量趋势：南部区域 > 中部区域 > 北部区域，越往北感官质量越差；南部区域以 Marondera 为代表，质量较好、特征风格明显；中部区域以 Trelawney 为代表，津巴布韦烟叶香气特征较明显，甜香稍欠；北部区域以 Banket 为代表，整体感官质量相对较好。

（3）水浇地烟质量优于旱地烟，旱地烟叶刺激较大，甜感较弱。

（4）总体上 KRK66 品种质量优于 KRK26，T 系列小品种质量优势不明显，T75 表现较差；相同条件下，早栽烟叶质量优于晚栽烟叶。

（5）各区域上部烟叶特征风格较明显，中部烟叶有津巴布韦烟叶香气特征但相对不够鲜明，香气量稍显不足。